計算力

今日から使える！

鍵本 聡

PHP文庫

○本表紙図柄＝ロゼッタ・ストーン（大英博物館蔵）
○本表紙デザイン＋紋章＝上田晃郷

はじめに

　むずかしい計算がさっとできたら、どんなに気持ちよく毎日を過ごせるでしょう！

　計算が苦手だと、むずかしい計算に直面するたびに電卓を使用しないといけませんし、そもそも電卓が使えない局面だって、現実社会ではしょっちゅうあるのです。そのたびに面倒な計算を避けている人は、世の中に大勢いるはずです。

　そんな人たちはきっと「自分もさっと計算ができたら、どれほど仕事がスムーズにできるだろう」「もっと計算力があったら、もう少し違った人生を送っていたんじゃないか」といつも思っていらっしゃるのではないでしょうか。

　計算を避けて生活をしていると、仕事で同僚においしいところを持っていかれたり、場合によっては人生の重要な判断を誤ってしまったりする可能性もあります。私たちは時間の中に生きているから時間の計算を避けることはできず、お金を儲けて生活をしているからお金の計算を避けることはできません。たかが「計算力」のために人生の明暗が

分かれるなんて、切ないですよね。

　でも、数字と友だちになってしまうと、ときどきひょっこり顔を出す大切な計算を、さっと華麗に通り抜けることができるものなのです。私たちが算数や数学を勉強しているのは、そうやって数字と友だちになることで、人生の判断を正しく下す練習をしているということもできるのです。ともかく「数字と友だちになる」、これが重要です。

　計算力とは、スポーツにたとえると「走る能力」のようなものです。

　たとえばサッカーをするときに、いくらボールを正確に蹴ることができても、あるいは状況判断がいかに素晴らしくても、その場所にすばやく到達できなければ、思った通りにことは進みません。天才的なパスやドリブルの能力を持っている選手でも、走る力をつけなければ、その才能は埋もれてしまうのです。

　サッカーだけではなく、野球でもバスケットボールでもテニスでも、走る力を磨いていない選手は、どんなに素晴らしい技術を持っていても、なかなか実力を発揮できません。

　逆にいうと、ほんの少し「走るのが得意」なことで、自分

の実力をふんだんに発揮することができるものなのです。
どんなスポーツでもともかく走りこんで足腰を鍛えていれば、
必ずそれなりに活躍できるものです。計算力とは、まさに人
生における「走る能力」だというわけです。

　本書は、この「計算力」を強くするためのヒントをいっぱ
い詰め込んだ、まさに「計算力のバイブル」です。何度も
何度もかみしめるように読み返すことで、日常生活で出てく
るさまざまな計算について再認識していただけるはずです。
そうなればしめたもの！　みなさんの「走る能力」は格段に
素晴らしくなるでしょう。

　読者のみなさんが少しでも数字と友だちになり、人生の
「走る能力」＝「計算力」を身につけることで、素晴らしい
人生を歩むことができるようお祈りしています。そして本書
がそのためにお役に立つことができれば、これほどうれしい
ことはありません。

計算力・CONTENTS

第4章 「たし算」「ひき算」の基本

第8章　計算まちがいを防ぐコツ

第9章　「計算力」は「仕事力」だ

本文イラスト◎瀬川尚志
編集協力◎蓬田　愛

第1章

すべての勉強は「暗記力」と「思考力」だ！

本書を広げたみなさん、「計算力」教室にようこそ！

　タイトルにつられて本書の前書きを読んでいるみなさんは、きっと

　「自分は計算が苦手でいつもミスしちゃうんだよな。計算力が強くなったらいいな」

　とか、あるいは

　「計算力なんて努力あるのみだし、しょせん本を1冊読んだぐらいで実力つくわけないだろ。まあ冷やかしで読んでやろうか」

　とか、まあいろんな思いを持ってこの文章を読んでいるのだと思いますが、ともかくみなさんはそれなりに「計算力とは何なんだろう」と興味をお持ちなのではないでしょうか。

　ではまず、最初にガツンと「計算力」の基本中の基本、重要な2つの力をここでお伝えしましょう。それは

「暗記力」と「計算視力」

です。私はどの本でも、あるいはどの講演でも、必ずこの2つの用語を用いて説明しています。これらの力がどういうものなのかは、第2章で詳しく説明しています。ぜひそちらをご覧ください。

まず本書の最初に述べたいことは、計算力に限らず、すべての勉強が「暗記力」と「思考力」で成り立っているということです。このことを意識しながら勉強をするかしないかで、勉強の効率がまったく違ってきます。

たとえば私の地元「兵庫県西宮市」は日本酒が特産品です。神戸から西宮にかけて「西郷」「御影郷」「魚崎郷」「西宮郷」「今津郷」という5つの酒造地をまとめて「灘五郷」と呼びます。

……ここまでは「暗記力」。へぇ〜というだけのお話です。ここで終わってしまう人も大勢いますが、それだけでは「頭のいい人」とはいえません。ここからが思考力です。

〇なぜこのあたりが酒造業に適していたのか。
〇お酒を造るには何が必要なのか。

こうなってくると、いろいろな想像力や思考力が必要となりますね。

　私が生まれ育ったあたりはちょうど「西宮郷」のあたりで「今津郷」もすぐ近くでした。少し住宅街を抜けるとあちこちの空地に取水地の看板が取りつけられていて、各酒造会社が地下水をくみ上げているのがわかります。

取水地を示す宮水井戸の看板

　これこそが灘（なだ）の酒造りの核心の一つ「宮水（みやみず）」の存在です。西宮の地下水は「宮水」と呼ばれる「硬水」で、六甲山系を含むいろいろな伏流水が合流して湧き出る地下水には、ほかの地域とはちがう独特のミネラルがたくさん含ま

れているのです。じゃあどのようなミネラルが含まれて、それらがどのような作用をもたらすのでしょうか。

　さらに海岸沿いである点も見逃せません。江戸時代以降つい最近まで、物流の中心は船でした。船で米を運び込み(実は酒造りにおいて米も重要な要素です)、船でできあがった酒樽を日本各地に運搬したのです。作られた酒はどんな経路で主にどんな地域に運ばれたのでしょうか。

　そして現在、酒造りは近代化し、運送業も陸路が一般的になり、コンクリートでできた巨大な道路や建物が宮水の周りにも作られました。どのような影響があったでしょうか。

　……などなど、そうしたことを考えたり調べたりすることで、単なる「灘五郷」の暗記から化学や日本史、地学、地理にまで話が発展するのです。これがまさに「思考力」。思考力を養うことで、いろいろな科目で暗記したいくつかの「点」(知識)がたくさんの思考の「線」でつながれ、それらが「面」(複合的な学力)を形成していくのです。

　「面」がいったんできあがったら、暗記した内容はなかな

か忘れることができません。そうやって「暗記力」と「思考力」の複合した学力を身につけた人が「頭のいい人」になるというわけです。

これが本来目指す「勉強」です。みなさんにはまずそのことを念頭に置いていただきたく思います。

そこで「計算力」の基本としてまず「暗記力」と「計算視力」を認識するところから入っていきます。それを意識しながら練習していくことが「計算力」を強くするための第一歩だからです。何を暗記すれば計算力が身につくのか、何をどう訓練すればさっと答えを出せるのか、そうしたことを意識するのが「計算力」の第1歩だというわけです。

どうです。計算力が少し強くなりそうじゃないですか？
さっそく「計算力」をみなさんにこっそりお教えしましょう！

第2章

「計算力」を鍛えるコツ

基本は
「暗記力」と「計算視力」

計算しやすいように式を変形する能力(計算視力)を
身につければ、計算力は飛躍的にアップする

---

❶ 7×5=?

❷ 17×5=?

❸ 17×15=?

　まず、上の3つの問題を解いてみてください。似たような
計算問題なのに、計算時間が全然ちがうのではないでしょ
うか?

　❶は、おそらくほとんどの人がさっと答えたはず。計算時
間は1秒くらいでしょう。なぜかというと、それはもちろん「シ
チゴサンジュウゴ(7×5=35)」と暗記しているから。

　では❷はどうでしょう?　さっと答える人もいるでしょうし、
少し時間がかかる人もいるかもしれません。でも、平均して
2秒ほどで答えるのではないでしょうか。

　ところが❸になると、多くの人が「うーん」となってしまいます。普段から訓練をしている人なら速いかもしれませんが、最初からあきらめてしまう人もいることでしょう。

　どうして、このような差ができるのでしょうか？

　それは、これら3つの計算で、使っている技術が全然ちがうからです。私たちが計算をする際に使っている能力は、主に次の2つです。

●暗記力
●計算視力

　暗記力とは、まさに「九九」を暗記しているように、**いろいろな計算の答えを暗記している**ということです。

　先の❷の問題も、**17×5=85**と暗記している人は、簡単に計算できます。つまり、多くの計算を暗記している人は、それだけ計算が速くなります。

　しょっちゅう出てくる簡単な計算は覚えてしまうのが得策です。暗記力は立派な計算力なのです。

　もう1つの大切な能力が計算視力です。
　計算視力とは、**頭の中で計算しやすいように計算式を変**

形して答えを導き出す能力です。筆算も計算視力の一種だといえますが、あまりにプロセスが多いので、頭の中で暗算するには適していないケースもあります。

ちなみに「計算視力」とは筆者の造語です。式を見ながらさっと変形して答えを導き出すことが、あたかも目で計算しているかのようなので、このようなネーミングにしました。

この暗記力と計算視力を鍛えれば、少しくらい複雑な計算もあっという間に答えることができます。

先の❸の問題の場合、たとえば次のようにすれば簡単に答えが出ます。

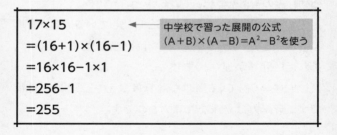

17×15
=(16+1)×(16−1)　　◀── 中学校で習った展開の公式
=16×16−1×1　　　　　(A＋B)×(A−B)＝A²−B²を使う
=256−1
=255

計算視力を鍛えれば、この変形がさっとできるようになります（**16×16＝256**はよく出てきますので覚えておきましょう）。

20

hint!
02

計算視力と暗記力は
一心同体

いろいろな計算結果を暗記していることで、計算視力も鍛えられる

---

❶ 14×45=?

❷ 24×45=?

　上の計算問題を見てください。❶❷とも「偶数」×「5の倍数」になっています。すなわち、

14 × 45
（偶数）（5の倍数）

24 × 45
（偶数）（5の倍数）

というわけです。こんなときには計算視力でさっと変形できます。

　第3章（42ページ）でも紹介しますが、ここでざっと説明しておくと、偶数（2の倍数）の**2**だけを切り離して、先に**5**の

倍数にかけ算すれば、簡単な計算式になるのです（**2バイ5バイ方式**）。

この方法を使って❶を計算してみると、次のようになります。

14×45
=(7×2)×45
=7×(2×45) ← カッコをつけかえる
=7×90=630

この式の変形には、前項でも説明したように計算視力が必要になりますが、その際にポイントとなるのは、実は暗記力です。

というのも、この変形をするために、

14=7×2
2×45=90
7×9=63

という3つの計算をしているわけですが、これらはすべて、多くの人が意識せずに計算結果を暗記しているものです。

ところが同じように❷を計算してみると、

```
24×45
=(12×2)×45
=12×(2×45)
=12×90=…?
```

　ここで、**12×9**の計算結果を覚えている人ならさっと答えを導き出せますが、覚えていない人は苦戦することになってしまいます。

　こう考えると、**計算視力を使った式の変形**と**計算結果を暗記していること**というのは一心同体だといえます。

　言いかえると、よりたくさんの計算結果を暗記していることが、計算視力を使った式の変形をよりスムーズにするということなのです。

　12というのは日常生活ではよく使う数なので、たとえば**12×9=108**という計算は覚えていて損をすることはありません。仏教でいうところの「煩悩の数が百八つある」なんていうことを知っていると、**108**という数にも愛着がわいてくるというものではないでしょうか。

よって❷の問題は次のように計算できます。

24×45
=12×90
=12×9×10
=108×10
=1080

よく出てくる計算は
覚えておこう

2や3の累乗を暗記しておいて損はない

❶ 6×6×6=?

❷ 2×2×2×2×2×2×2×2=?

❸ 56×375=?

前項で12×9=108なんていう計算は覚えてしまいましょう、と書きましたが、ほかにどんな計算を暗記していると便利なのでしょうか?

ここでは、いくつかを簡単に紹介してみたいと思います。

たとえば「半径が6cmの球の体積は、半径が1cmの球の体積の何倍になるか」という問題をさっと答えるためには、❶の計算ができないといけないわけですが、これくらいは暗記しておいてもいいでしょう。

しかし、進学校といわれる高校の学生でさえも6×6×6すなわち6^3を筆算で計算している人が多いのが現状です。

実際に、ある数の3乗（同じ数を3回かけ算すること）というのは、思った以上に出現回数が多いものです。こういうものを暗記していると、計算速度が格段に速くなります。

$$6×6×6=216$$

これは覚えておいて損はしません。

また、同じようによく出てくる計算として、2や3の累乗（同じ数を何回もかけたもの）があげられます。昔話で「今日は1銭でいいので、1日ごとに2倍していって、毎日その金額のお金をください」というような話がありましたが、2を何回かけ算するといくらぐらいになるのか、ということがさっとわかると計算がかなり速くなります。

とくに2の累乗が基本のコンピュータの世界では**❷**の

$$2×2×2×2×2×2×2×2=2^8=256(にごろ)$$

といった計算結果を覚えていることは常識といえます。

さて、**❸**の問題ですが、これは「偶数×5の倍数」の形になっているので、第3章（42ページ）で紹介する**2バイ5バイ方式**を使って、

$$56\times375$$
$$=(28\times2)\times375$$
$$=28\times(2\times375)$$
$$=28\times750$$
$$=21000$$

とする手もありますが、実はあることを知っていると一瞬で計算が終わります。それは、

$$\frac{3}{8}=0.375$$

という計算結果です。このことを知っている人は、

$$375$$
$$=0.375\times1000$$
$$=\frac{3}{8}\times1000$$
$$=\frac{3000}{8}$$

であることがさっと見抜けるのです。すなわち❸を、

$$56×375$$
$$=56× \frac{3000}{8}$$
$$=(56÷8)×3000$$
$$=7×3000$$
$$=21000$$

と答えられるのです。

　このように、知っていると便利な計算は多岐にわたりますが、ともかく、よく出てくるいくつかの数字に関する計算結果をじっくりと覚えていけば、そんなにむずかしいものではありません。

問題に応じて
計算方法を使い分ける

最適な計算方法を見分ける力をつけよう

> **❶** 15×15=?
> **❷** 16×15=?
> **❸** 14×16=?

この章のまとめとして、上の3つの計算問題をあげてみました。

❶は、同じ数を2回かけたもの（平方数）です。平方の計算結果は、**1×1～10×10**までは九九を使えばさっと出てきますが、**11×11**以降についても、ある程度までは覚えておきましょう。

11×11=121	15×15=225
12×12=144	16×16=256
13×13=169	⋮
14×14=196	

これを覚えてさえいれば、❶の15×15=225というのはすぐに答えられるでしょう。

では❷はどうでしょう？　これは「偶数×5の倍数」の形になっているので、そのまま**2バイ5バイ方式**を適用して、

```
16×15
=(2×8)×15
=8×(2×15)
=8×30
=240
```

とするのが速いでしょう。もちろん計算結果を暗記している人もいるでしょうが、私はいつもこのように計算しています。

最後の❸はどうでしょうか？

これは第3章（50ページ）で紹介する**和差積**という方法を使えば簡単です。ただし、**15×15=225**を覚えていなければあまり意味がありませんが。

```
14×16
=(15−1)×(15+1)
```

```
=15×15−1×1
=225−1
=224
```

　こんなふうに、同じような3つのかけ算なのに、使う方法は全然ちがうのです。計算をすばやく行なうためには、このように計算式に応じて方法をさっと切りかえることが重要になってきます。

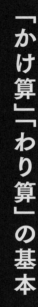

第3章

「かけ算」「わり算」の基本

九九は
素晴らしき計算力

すべての計算の基本は九九（かけ算）にあり！

---

❶ 900×600=?
❷ 0.7×0.8=?

---

❶の計算式を見て、むずかしいと思う人はそんなにいないでしょう。なぜなら、多くの人が9×6=54という計算を「九九」で暗記しているからです。

「九九」というのは、小学校低学年で学習する最初の関門かもしれません。多くの小学生が泣きながら暗記するものです。つまらない文字の羅列、それが「九九」です。

でも「九九」というのは、まさに「先人の知恵」です。私たちは9×6という計算結果を知っているからこそ、900×600という計算をいとも簡単にやってのけるのです。もしも9×6を知らなかったら、

9×6
=9+9+9+9+9+9
=18+9+9+9+9
=27+9+9+9
=36+9+9
=45+9
=54

というふうに、1つひとつたし算をしなければなりません。

900×600という式を見て、

900×600
=(9×100)×(6×100)
=(9×6)×(100×100)
=54×10000
=540000

という計算を多くの人がさっとこなしてしまうのは、**9×6=54**という計算結果を暗記しているからだということを、私たちは知っておく必要があります。

同じように❷も、さっと計算できるのではないでしょうか。

```
0.7×0.8
=(7×0.1)×(8×0.1)
=(7×8)×(0.1×0.1)
=56×0.01
=0.56
```

hint! 06

「持ち込み」を使った 計算視力

計算しやすい数を基準にして(持ち込んで)式を変形する

---

❶ 301×17=?

❷ 299×17=?

---

❶について、意外と多くの人がさっと答えを出せるのではないでしょうか。それはなぜかというと、

301×17
=(300+1)×17
=300×17+1×17
=5100+17
=5117

というふうに、頭の中である程度の計算視力が働くからです。この計算は筆算とは少し違った方法です。筆算なら、次のように計算します。

```
    301
  ×  17
   2107
   301
   5117
```

　先に示した計算方法は、筆算よりはるかに効率のいい方法だといえるでしょう。これもりっぱな「計算視力」です。つまり、誰でもある程度の計算視力を備えているということです。

　私は、この方法を**持ち込み**と呼んでいます。

　でも、この**持ち込み**という方法を知っていながら、❷の問題に苦戦する人も多いのではないでしょうか?

　しかし、これも**299=300−1**だということに気づけば**持ち込み**を使って簡単に計算できます。

```
299×17
=(300−1)×17
=300×17−1×17
```

```
=5100−17
=5083
```

　たし算よりひき算のほうがやや敷居が高いかもしれませんが、**299**をそのままかけ算するよりはラクに計算できます。

　なお、**5100−17**のような計算は、あとで紹介する**コイン両替方式**（102ページ）を使えば簡単にできるようになります。

2ケタ（11から19）のかけ算は「じゅうじゅう方式」で

11から19までの数に限られる特殊な計算方法

---

❶ 14×8=？

❷ 14×18=？

何度も書きますが、**4×8=32**という計算はさっとできるのに、❶の**14×8**となると、とたんに答えに詰まる人が多いようです。でも、一方が1ケタの数、もう一方が「1○」（10+1ケタの数）の場合も**持ち込み**を使えば、簡単に計算できます。

14×8

=(10+4)×8

=80+32

=112

まあ、よく考えれば簡単なことです。これぐらいなら暗算でもできるかもしれません。

ところが❷のようにかけ算する2つの数がともに「1○」（10

+1ケタの数)の場合、暗算しようとすると頭が混乱するのではないでしょうか。

この場合は**じゅうじゅう方式**で計算してみてください。

どうするかというと、**14×18**なら、下のように3つ数を並べて、それらを上から順番に足すのです。

```
    14  ◄── 式の左側の数
     8  ◄── 式の右側の一の位だけ
+   32  ◄── 左と右の一の位をかけ算したものを
            1ケタ右にずらして並べる
   252
```

つまり**252**が答えです。

この**じゅうじゅう方式**は、数字を見ながら計算ができるので、暗算でもどうにか計算できます。

ただし、この方法は、さっと計算できる方法を思いつかないときの最後の手段にとっておいてください。

❷の**14×18**も、あとで紹介する**和差積**(50ページ)を知っていたら、もっと速く確実に計算できます。

"偶数×5の倍数"は「2バイ5バイ方式」で

「2バイ5バイ方式」を使って九九の形に持ち込む

❶ 18×35=?

❷ 62×45=?

　前章でも紹介しましたが、偶数と5の倍数のかけ算は必ず**2バイ5バイ方式**で簡単に計算することができます。偶数のほうを「〇×2」というふうに変形して、その**2**だけを**5**の倍数に先にかけ算するのです。

　❶の計算は次のようになります。

18×35
=(9×2)×35
=9×(2×35)
=9×70=630

　また❷のように、九九の形に持ち込めない場合でも2バ

イ5バイ方式で計算が格段に簡単になります。

> 62×45
> =(31×2)×45
> =31×(2×45)
> =31×90
> =2790

「2バイ5バイ」を
使った計算視力

「2バイ5バイ方式」は4の倍数や25の倍数にも応用できる

❶ 16×22=?

❷ 36×26=?

2バイ5バイ方式と持ち込みに慣れてきたら、計算視力で計算できる幅がぐっと広がります。

たとえば❶の場合、16というのは15に近いので16=15+1に持ち込みます。

16×22
=(15+1)×22
=15×22+22
=(15×2)×11+22 ◀──── ここで「2バイ5バイ方式」を使う
=330+22
=352

　同じように❷の**36×26**ですが、両方の数とも5の倍数に近いですね。こんな場合は計算がラクになるほうを選びましょう。

　つまり、**36**を**(35+1)**と変形するよりは、**26**のほうを**(25+1)**と変形したほうが計算しやすい式に持ち込めます。

36×26
=36×(25+1)
=36×25+36
=(9×4)×25+36 ←──── (4の倍数)×(25の倍数)に持ち込み
=9×100+36
=900+36
=936

"×5"は
"÷2×10"と読みかえる

読みかえるだけで、計算はとてもラクになる

❶ 4284×5=?

❷ 389×5=?

　私たちの社会は10進法(10ごとにケタが1つ繰り上がるシステム)が常識です。この「10」という数をよく突き詰めてみると…。

10=5×2

　つまり私たちの社会では「5と2という2つの数が基本単位になっているのだ」といっても過言ではないのです。

　そこで「×5」(5倍)を計算するときには、とてもラクな計算方法があります。それは「×5」という部分を「÷2×10」と読みかえること。

たとえば❶の計算は次のようになります。

```
4284×5
=4284÷2×10
=2142×10
=21420
```

つまり❶は、実質的に4284÷2の計算だけで答えが出てくるというわけです。5をかけ算するより2でわり算するほうがずっとラクですよね。

❷も同じようにやってみましょう。

```
389×5
=389÷2×10
=194.5×10
=1945
```

奇数の場合でも、2でわり算したあとの小数点以下の部分が10倍すればなくなるので同じように計算できます。

"÷5"は
"×2÷10"と読みかえる

「×5」の場合と逆に読みかえればよい

---

❶ 3260÷5=?

❷ 492÷5=?

5のかけ算がラクにできるのと同様、5でわり算するときも簡単な方法があります。

「÷5」という部分を「×2÷10」と読みかえればいいのです。「×2」なら繰り上がりがあったとしても1ぐらいなので、暗算でも可能です。

❶の場合、次のようになります。

3260÷5

=3260×2÷10

=6520÷10

=652

　最後の「÷10」の部分は実際には0を1つ取るだけですので、実質的な計算としては2倍するだけになります。これならラクですよね。

　わり算の場合、❶のように割られる数が5の倍数なら、きれいに割り切れて答えが整数になりますが、そうでない場合は小数の答えになります。

　❷はそのような例です。

492÷5
=492×2÷10
=984÷10
=98.4

　いずれにしても、5という数は私たちの生活で非常によく出てくるので、こういう技を知っておくととても便利です。

「和差積」を使った 計算視力

「ちょうどの数」を見つけて、その和と差のかけ算に読みかえる

---

❶ 17×23=?

❷ 74×66=?

和差積というのは耳慣れない言葉かもしれませんが、中学校で習った次のような展開公式のことです。

$$(A+B)×(A-B)=A×A-B×B$$

この公式を知っていると、簡単に計算できるかけ算がたくさんあります。

たとえば❶の場合、**17**と**23**をよく見ると、**17**は**20-3**、**23**は**20+3**と読みかえることができるので、**和差積**の公式が適用できそうです。

17×23

```
=(20-3)×(20+3)
=20×20-3×3
=400-9
=391
```

和差積の公式は、このように**「ちょうどの数」からの和と差で表わすことができるときには威力を発揮します。**そのことさえ見抜けば、ちょっとした計算視力で答えが出てくるのです。

この**和差積**を使えば❷もさっと計算できそうですね。**74**も**66**も**70**からの和と差で表現できます。

```
74×66
=(70+4)×(70-4)
=70×70-4×4
=4900-16
=4884
```

和差積の公式は、ほかにもいろいろ重要な計算方法を提供してくれるとても便利な道具です。まずは**和差積**の公式を直接使う計算に慣れておきましょう。

よく出てくる数の
2乗や3乗は覚えておこう

累乗を暗記しておくと、計算視力の威力がアップする

---

❶ 3×3×3×3×3×3=?

❷ 24×18=?

この手のかけ算で苦戦している光景をよく見かけます。
1つひとつ繰り返して計算することは、意外と面倒な作業の
ように感じられてしまうからです。でも、実生活ではこういう
計算もよく出てきますよね。

累乗の結果を覚えておくと、便利なことが多いものです。
電車の中や眠れないベッドの中など、次のような計算を頭
の中でやってみましょう。そのうちに覚えてしまうものです。

2×2=4（2の2乗）

2×2×2=8（2の3乗）

2×2×2×2=16（2の4乗=4の2乗）

2×2×2×2×2=32（2の5乗）

$2×2×2×2×2×2=64$（2の6乗＝8の2乗）

$2×2×2×2×2×2×2=128$（2の7乗）

$2×2×2×2×2×2×2×2=256$（2の8乗＝4の4乗＝16×16）

$2×2×2×2×2×2×2×2×2=512$（2の9乗）

$2×2×2×2×2×2×2×2×2×2=1024$（2の10乗）

$3×3=9$（3の2乗）

$3×3×3=27$（3の3乗）

$3×3×3×3=81$（3の4乗＝9の2乗）

$3×3×3×3×3=243$（3の5乗）

$3×3×3×3×3×3=729$（3の6乗＝9の3乗＝27×27）

$5×5=25$（5の2乗）

$5×5×5=125$（5の3乗）

$5×5×5×5=625$（5の4乗＝25×25）

$5×5×5×5×5=3125$（5の5乗）

　そのほか、平方（2乗）と立方（3乗）をまとめておきましょう。平方は九九で覚えてしまいますが、立方を覚えておくのも効果的です。

元の数	2	3	4	5	6	7	8	9
平方	4	9	16	25	36	49	64	81
立方	8	27	64	125	216	343	512	729

これぐらいを覚えておくと、❶は

$3 \times 3 \times 3 \times 3 \times 3 \times 3 = 729$

と、さっと出てきますし、❷も次のように簡単に計算できます。

24×18

$= (4 \times 6) \times (3 \times 6)$

$= 3 \times 4 \times 6 \times 6$

$= 2 \times 6 \times 6 \times 6$ ◀── 3×4を2×6に置きかえる

$= 2 \times (6 \times 6 \times 6)$ ◀── 6の立方

$= 2 \times 216$

$= 432$

---

hint! 14

2ケタの数の平方も暗記しておこう

平方を暗記すれば複雑そうな計算も簡単に解ける

❶ 26×13=?

❷ 14×4×7=?

40ページで、**11**から**19**までの数のかけ算の方法として**じゅうじゅう方式**を紹介しましたが、実はいくつかのものに関しては、覚えてしまったほうが便利です。

それは平方の形（2乗）をしたものです。

元の数	11	12	13	14	15	16	17	18	19
平方	121	144	169	196	225	256	289	324	361

これらは覚えてしまったほうが得策です。なぜなら、計算視力の威力がさらにアップするからです。

たとえば**❶**の場合、**26**を**2×13**と読みかえると、次のように計算できます。

```
26×13
=(2×13)×13
=2×(13×13)
=2×169 ← ここで13×13=169を使う
=338
```

　これは**13×13=169**を覚えているからこそできる技だといえます。もしも暗記していなかったら、結局は筆算をせざるを得ません。その差は大きいのです。

　❷も同様です。3つもかけ算が続いていますが、平方を見つけ出せれば意外と簡単に解けます。

```
14×4×7
=14×(2×2)×7
=(14×14)×2
=196×2 ← ここで14×14=196を使う
=(200-4)×2 ← さらに「持ち込み」を使う
=400-8
=392
```

平方暗記と
「和差積」の組み合わせ

平方の値を覚えておくと、「和差積」がさらに効果的に使える

❶ 17×19=?
❷ 27×23=?

　前項で平方の値を暗記すると計算が格段に速くなるという話をしました。さらに、ここでは**和差積**と平方暗記を組み合わせる方法を考えましょう。

　❶はじゅうじゅう方式を使っても解けるのですが、**18×18=324**を覚えていれば、**和差積**を使ってさっと計算することができます。

```
17×19
=(18−1)×(18+1)
=18×18−1×1
=324−1
```

```
=323
```

　式の変形を長々と書きましたが、ひと言でいうと324から
1を引くだけで答えが出てくるというわけです。平方の値を
暗記すればするほど、**和差積**の効果は大きくなります。

　同じように❷もやってみましょう。

　この2つの数の平均は**25**ですので、**25**からの和と差で
表すとうまくいきそうです。

```
27×23
=(25+2)×(25−2)
=25×25−2×2
=625−4
=621
```

　和差積という方法は、かけ算をする2つの数の真ん中(平
均)の平方の値が簡単に求められて、さらにその2数の差が
小さいときに力を発揮します。
　ですから、平方の値をいくつか覚えておくと便利なのです。

平方計算をするときに便利な「スライド方式」

和差積の公式を変形させて平方計算に応用する

❶ $31^2 = ?$

❷ $48^2 = ?$

これまで何度も登場している和差積の公式は、次のように変形できます。

$$(A+B)×(A-B)=A×A-B×B（和差積の公式）$$
$$A×A=(A+B)×(A-B)+B×B$$

もう、わかりましたね。この新たな公式は $A×A$、つまり A^2（Aの平方）を計算するときに使えます。これを**スライド方式**と呼んでいます。

この公式を使うと、一見むずかしそうな平方計算が簡単にできてしまうのです。

❶の場合、計算しやすくするために31から1を引いて30

にします。これを前のページの変形した和差積の式にあて
はめると**A**=31、**B**=1となります。もう一方の**31**には**B**=1
を足して**32**にします。この作業が「スライド」です。

つまり、**(A−B)×(A+B)=30×32**を計算して、最後に**B
×B=1×1**を足せばよいわけです。

```
31×31
=(31−1)×(31+1)+1×1   ◀  スライドしたのが1なので
=30×32+1                  1×1を足す
=960+1
=961
```

同様に❷をやってみましょう。
計算しやすくするには**50**にすればよいでしょう。ですから
「スライド」するのは**2**です。

```
48×48
=(48+2)×(48−2)+2×2   ◀  スライドしたのが2なので
=50×46+2×2                2×2を足す
=2300+4
=2304
```

もちろん、スライドするのが**3**なら**3×3**を足し、**4**なら**4×4**を足します。

「スライド方式」を
かけ算に応用する

計算視力を働かせれば、平方以外のかけ算でも使える

---

❶ $89^2 = ?$

❷ $26 \times 52 = ?$

前項の**スライド方式**をここでも練習してみましょう。

スライド方式では、スライド後の数が簡単に計算できるものでないとあまり意味がありません。

❶の89×89を計算するときに、**1**だけスライドして、

89×89
=90×88+1×1

と変形するのも悪くはないのですが、**90×88**というのは少し計算が面倒です。

そこで、思い切って一方が**100**になるように**11**スライドしてみましょう。

```
89×89
=(89+11)×(89−11)+11×11
=100×78+11×11
=7800+121
=7921
```

いかがですか?

11×11という平方の値は55ページで覚えたので、ほとんど頭を使わずに計算ができたはずです。

では、❷はどうすればいいでしょうか。

26×52のうち**52**というのは**26×2**なので、結局**26×26**をしてから2倍すればいいことになります。

```
26×52
=26×(26×2)
=(26×26)×2
=(30×22+4×4)×2   ← 26を4スライドさせる
=(660+16)×2
=660×2+16×2     ← 式を展開してから2倍する
=1320+32=1352
```

この問題の場合、最後の2倍はたし算をする前にしたほうが簡単にできます。

　このように、**スライド方式**はいろいろなかけ算に応用できる方法なのです。

むずかしいかけ算が
あっという間にできる「十和一等」

一定の条件を満たせば、2ケタのかけ算がスラスラできる

---

❶ 47×67＝？

❷ 86×26＝？

　計算式がある条件を満たしているときに、計算がとてつもなく速くできることがあります。ここでは、そのうち **十和一等** と呼んでいるものを紹介しましょう。

　❶の**47×67**はとてもむずかしそうなかけ算ですが、次の2つの条件を満たしているので、簡単に計算できます。

●2数の十の位の和が10（4＋6＝10…十和）
●2数の一の位が等しい（7と7…一等）

この場合、次のような方法で計算することができます。

第1段階

まず、**47×67**の2数の十の位どうしをかけ算して、さらにそこに一の位を足します。

4×6+7=<u>31</u>

第2段階

次に一の位どうしをかけ算します。ただし、答えが1ケタの場合は**0**をくっつけて2ケタにしてください。

7×7=<u>49</u>

これら2つの数を"くっつけた数"が答えです。

47×67=<u>31</u><u>49</u>

❷の**86×26**もやってみましょう。

第1段階
8×2+6=<u>22</u>

> ### 第2段階
>
> 6×6=<u>36</u>
>
> よって
>
> 86×26=<u>22</u><u>36</u>

　このように**十和一等**を見抜くことができれば、計算が格段に速くなるというわけです。計算にとりかかる前に、計算式に気を配ることが大切です。

「十和一等」を使った
計算視力

条件に近い計算式は「十和一等」の形に持ち込もう

❶ 26×87=?
❷ 31×81=?

十和一等の条件をそのまま満たしている計算式は多くないかもしれませんが、とても近い形の計算式に遭遇する可能性は高いといえます。

❶の26×87の場合、十の位が2+8=10となっていて、しかも一の位が6と7で近いので、十和一等に持ち込めそうな気配がします。

26×87ではなく、26×86ならば十和一等を満たしているので、そこに持ち込めばいいわけです。

26×87
=26×(86+1)
=26×86+26

つまり、26×86を**十和一等**の法則で計算して、そこに26を足せばいいことがわかります。

第1段階

2×8+6=<u>22</u>

第2段階

6×6=<u>36</u>

よって、

26×87

=<u>2236</u>+26

=2262

同じように❷にもトライしてみましょう。

31×81は、かけ算をする2数の一の位は等しいのですが、十の位の和が3+8=11となり、少しオーバーしています。こんな場合もうまく**十和一等**の式に持ち込みましょう。

81を71+10とすれば、うまくいきそうです。

31×81
=31×(71+10)
=31×71+310

もうわかりましたね。**31×71**を**十和一等**で計算して、そこに**310**を足せばいいのです。

第1段階

3×7+1=<u>22</u>

第2段階

1×1=1 (→<u>01</u>) ◄── 答えが1ケタなので0をくっつける

よって

31×81
=<u>22</u><u>01</u>+310
=2511

十和一等の計算方法を知っておくと、完全に条件を満たしていなくても計算視力を働かせることで解けるようになるのです。

２ケタ以上のかけ算に
使える「十等一和」

一の位が5の数の2乗を計算するときに、とくに便利

❶ 37×33=？
❷ 114×116=？

十和一等と同じように**十等一和**と呼んでいる計算方法も
あります。こちらも場合によってはとても使い勝手がよいも
のです。

この**十等一和**を使うためには、次の2つの条件を満たし
ていなければなりません。

● 2数の十の位より上の部分が等しい…十等
● 2数の一の位の和が10である…一和

❶を見てください。十の位はともに3で十等になっています。
また一の位の和は7+3=10で一和を満たしています。

この場合、次のような方法で計算することができます。

まず、**37×33**の十の位の数字と、その数字に**1**を足したものをかけ算します。

$3×(3+1)=\underline{12}$

次に一の位どうしをかけ算します。ただし、答えが1ケタの場合、**0**をくっつけて2ケタにしてください。

$3×7=\underline{21}$

これら2つの数を"くっつけた数"が答えです。すなわち、

$37×33=\underline{12}\,\underline{21}$

これなら暗算でもさっとできそうですね。

同じように**❷**の**114×116**もやってみましょう。**十等一和**の場合は3ケタ以上のかけ算でも使えます。

第1段階

11×(11+1)=<u>132</u>

第2段階

4×6=<u>24</u>

よって

114×116=<u>13224</u>

この**十等一和**は、とくに**一の位が5で終わるような数の2乗を求めるときにとても便利です**。なぜなら、必ず**十等一和**の条件を満たしているからです。

たとえば**65×65（65の2乗）**は

6×(6+1)=<u>42</u>と5×5=<u>25</u>

をくっつけて**65×65=<u>42</u><u>25</u>**となります。

普段から「〇5」という数を見たら、その数の2乗を計算するような練習をしておくといいかもしれません。

一の位が5で終わる数の2乗は、84ページのコラムでも紹介します。

「十等一和」を使った
計算視力

**計算視力を働かせれば、3ケタでも4ケタでも簡単に
かけ算ができる**

❶ 28×23=?
❷ 42×47=?

十等一和も、その条件を満たす計算式はある程度限ら
れるのですが、計算視力による**持ち込み**を使うことで、さら
に可能性が広がります。

❶の28×23の場合、よく見ると十の位がともに2になって
います。こんな場合は、たいてい**十等一和**に持ち込めると
考えてよいでしょう。

実際一の位が8と3で和が10に近いため、たとえば28×
22の形に持ち込めばいいわけです。

28×23

=28×(22+1)
=28×22+28

つまり、**28×22**の部分に**十等一和**の法則を適用して計算し、そこに**28**を足せばいいことがわかります。

第1段階

2×(2+1)=<u>6</u>

第2段階

8×2=<u>16</u>

よって

28×23
=(28×22)+28
=<u>616</u>+28
=644

思ったより簡単だったのではないでしょうか。

❷もやってみましょう。**42×48**なら**十等一和**の条件にあてはまるので、その形に持ち込みます。

42×47

=42×(48−1)

=42×48−42

42×48の部分を**十等一和**で計算します。

第1段階

4×(4+1)=<u>20</u>

第2段階

2×8=<u>16</u>

よって

42×47

=(42×48)−42

=<u>20</u>16−42

=1974

むずかしそうな
わり算は「2回わり算」で

割る数を1ケタに分解できれば、簡単なわり算の形に
持ち込める

---

❶ 357÷21＝?

❷ 1323÷63＝?

　わり算というのは、かけ算やたし算にくらべると、答えが簡単になる分、暗算がしやすいことも多いのですが、それでも割る数が2ケタ以上になると、どうしても頭の中がこんがらがってしまいます。

　そんな場面で威力を発揮するのが2回わり算です。
　簡単にいうと、むずかしいわり算を2回以上に分けて計算することで、簡単なわり算の繰り返しに持っていくという方法です。

　❶の357÷21を、いきなり暗算でしようとすると大変ですが、

21=7×3

とできるので、2回に分けてわり算をするのです。

357÷21

=357÷(7×3)

=(357÷7)÷3 ← ここで×3が÷3に変わることに注意！

=51÷3

=17

これなら暗算でできますね。

こんなふうに、割る数を素因数分解（○×○の形に変形すること）できれば、**2回わり算**を試す価値があるといえます。

注意していただきたいのは、**7×3でわり算をするということは、7でも3でもわり算をするということであり、7で割ったあと3でもわり算するということです。**

意味を考えずに数式だけ変形してしまうと、**7**で割ったあとで3倍してしまうというまちがいをすることがありますが、そうならないように気をつけてください。

❷もやってみましょう。63=9×7とできるので、次のように

簡単に計算できます。

1323÷63
=1323÷(9×7)
=1323÷9÷7
=147÷7
=21

割り勘を
すばやく計算するには？

最初は大まかにわり算し、残りについて細かくわり算していけばよい

---

❶7人の飲み代のお会計が17650円。いくらずつ集めますか？

❷9人の飲み代のお会計が21550円。いくらずつ集めますか？（ただし、遅れてきた2人は安くしたいと思います）

　日常生活の中で、計算がさっとできると便利だなと思うシーンはいくつもありますが、飲み会の幹事をしたときは、とくにそう思うのではないでしょうか。

　本章の締めくくりとして、割り勘の計算をすばやく行なうテクニックを紹介しましょう。

　❶のケースは7人で**17650円**となっていますが、このとき電卓で**17650÷7**なんてやる人をよく見かけます。しかし、あまりいい方法だとはいえません。なぜなら、

17650÷7=2521.42857…

　となり、きっちり割り勘にしようとすると小銭がたくさん必要になりますし、実際に徴収する金額としてもあまり現実的ではないでしょう。

　ではどうすればいいのでしょう？
　コツは次の2つです。

●ややこしい端数は幹事が引き受ける
●少食の人や遅れてきた人、お酒が飲めない人など、少なめに徴収する人をうまく使う

❶の場合では、まずは7人でざっくりわり算しましょう。

　1人につき2000円ずつ集めたら7×2000＝14000円で、残りは17650−14000＝3650円です。すなわち、

17650÷7＝2000円　…あまり3650円

　残りの3650円をどうするかですが、7人から公平にもらうのであれば、

$$3650 \div 7 = 500円 \quad \cdots あまり150円$$

となります。

これぐらいにしておきましょう。150円は幹事さんがかぶるのがいいと思います。つまり、幹事以外の6人が2500円ずつ払い、幹事さんだけは+150円で2650円払えば、ちょうどうまくいくはずです。

❷も同じように考えてみましょう。

9人の飲み代のお会計が21550円ならば、まずはざっくりと2000円ずつ集めるとすると、2000円×9＝18000円で、残りは3550円になります。

$$21550 - (2000 \times 9) = 3550円$$

もしも9人から同じ金額を集めるのであれば、400円×9人＝3600円となるので、合わせて1人2400円ずつ集めればいいでしょう。

しかし、遅れてきた2人については安くしたいのですから、残りの3550円を最初からいた7人でわり算して、

3550÷7＝500円　…あまり50円

　となり、50円は幹事さんが負担すればいいでしょう。最終的に集める金額は、

● 幹事以外の最初からいた6人は、1人2500円
● 遅れてきた2人は、1人2000円
● 幹事さんは、2550円

　この例では幹事さんが損することになりますが、逆に得をするケースもあるでしょう。ともかく、少々の過不足は幹事さんがすべて引き受ければよいのです。

5で終わる数はもっと簡単！

　スライド方式をかけ算に適用すると、ある数の2乗が簡単に計算できるというお話をしました。

　実は、とくに2ケタで一の位が5で終わる数の2乗は、簡単に計算することができます。

　たとえば45×45の場合、5だけスライドすると、40×50＝2000になるので、そこに25を足して2025となります。要するに、十の位の数字と、それに1を足した数字をかけ算して、下に25をくっつけたら簡単に答えが出るのです。

$$15×15＝\underline{2}25$$
$$25×25＝\underline{6}25$$
$$35×35＝\underline{12}25$$
$$45×45＝\underline{20}25$$
$$55×55＝\underline{30}25$$
$$65×65＝\underline{42}25$$
$$75×75＝\underline{56}25$$
$$85×85＝\underline{72}25$$
$$95×95＝\underline{90}25$$

という感じです。この上位2ケタが

$$1 \times 2 = 2$$
$$2 \times 3 = 6$$
$$3 \times 4 = 12$$
$$4 \times 5 = 20$$
$$5 \times 6 = 30$$
$$6 \times 7 = 42$$
$$7 \times 8 = 56$$
$$8 \times 9 = 72$$
$$9 \times 10 = 90$$

となっていることに気づけば、さっと計算できますね。

これらの応用として、たとえば

「1辺が65mの正方形の公園の面積はいくらでしょう?」と
いうような場合に、

$65m \times 65m = 4225m^2$
という感じで、暗算で答えがさっと出るというわけです。

第4章

「たし算」「ひき算」の基本

たし算のコツは
「かけ算への持ち込み」

すべての計算の基本は「かけ算」である

❶ 33+33+33+33+33=?
❷ 60+60+58+60＋60+61=?

　一般に、学校では「たし算」を学んでから「かけ算」を学習します。いくつものたし算をまとめるとかけ算になるので、たし算→かけ算という順番が自然だからです。

　でも、一度たし算やかけ算を学習した私たちは、かけ算を計算の基本に考えるべきです。
　なぜなら、たし算にくらべてかけ算は概念的に考えやすく、とても強力な手法がたくさん存在するからです。

　つまり、たし算のコツは**かけ算への持ち込み**なのです。
　たし算をかけ算に持ち込むことで、複雑そうなたし算があっという間に解けてしまうのです。

たとえば❶を見てください。これを1つずつたし算していく人は少ないでしょう。

33が5つですから、**33×5**にさっと変換することができるわけです。

```
33+33+33+33+33
=33×5
=165
```

---

❷も同じように考えます。

すべてが60なら60×6と置きかえることができますが、この問題は少しだけちがいます。そこで、**60**からの過不足を考えてかけ算に持ち込むとうまくいきます。

```
60+60+58＋60+60+61
=60+60+(60−2)+60+60+(60+1)
=(60+60+60+60+60+60)+(−2+1)
=60×6−1
=359
```

足す数の「平均」を
見抜くことがポイント

だいたいの真ん中の数に目星をつけ、その和と差の形
に置きかえればよい

❶ 62+75+58+69+64+71+63+57=？
❷ 164+145+156+148+139=？

　前項で「たし算はかけ算にうまく持ち込もう」という話をしました。その際にキーとなるのが、**たし算をする数の「平均」を見抜くこと**です。

　たとえば❶を見ると、たし算をする数がバラバラです。どうやってかけ算に持ち込めばいいでしょう？

　こんなときに「平均」が大切になります。

　といっても、そんなに厳密に考える必要はありません。だいたい真ん中の数を考えればよいのです。

　62+75+58+69+64+71+63+57であれば、**60**か**70**あたりの数が多そうなので、**60**を真ん中の数だと考えて計算します。

$$62+75+58+69+64+71+63+57$$
$$=(60+2)+(60+15)+(60-2)+(60+9)+(60+4)+$$
$$\quad(60+11)+(60+3)+(60-3)$$
$$=60×8+(2+15-2+9+4+11+3-3)$$
$$=480+39$$
$$=519$$

480の部分はかけ算を使えばさっとできるので、残りの小さな数字のたし算だけで答えが出るというわけです。

❷もやってみましょう。

5つの数字を見て、だいたいの真ん中の数字を決めます。この場合は**150**ぐらいだと想像がつきます。

$$164+145+156+148+139$$
$$=(150+14)+(150-5)+(150+6)+(150-2)+(150-11)$$
$$=150×5+(14-5+6-2-11)$$
$$=750+2$$
$$=752$$

こうすれば、複雑なたし算も簡単に計算できますね。

等差数列のたし算

たし算する数の真ん中(平均)がわかれば簡単に計算できる

❶ 14+16+18+20+22+24+26=?
❷ 55+85+65+75+45+95=?

　たし算の基本は平均を見つけることだと述べましたが、たし算する数が階段状になっている場合は、また別のいい方法があります。

　たとえば❶は、たし算する数が2ずつ増えていて、きれいに階段状になっています(これを数学では「等差数列の和」とか「等差級数」などと呼びます)。

　実は、こんなときは真ん中の数字が平均です。この平均の数にたし算する数の個数をかければ答えがでます。

　❶の場合、7つの数字の真ん中は20になります。

```
14+16+18+20+22+24+26
=20×7
=140
```

　これを概念的に説明すると下図のようになります。つまり、階段の真ん中より上の部分を下の部分に移動して、階段をならしてしまうのです。

　もし、たし算する数が偶数個の場合は、真ん中の2つの数字を足して2で割った数が平均になります。

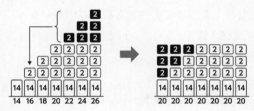

❷はどうでしょう?

　一見、等差数列ではなさそうですが、順番を並びかえると、等差数列であることがわかります。

```
55+85+65+75+45+95
=45+55+65+75+85+95
=70×6  ◀──── 真ん中の65と75を足して2で割った70が平均
=420
```

たし算を簡単にする 「まんじゅうカウント」

「ある数の倍数」に着目して、その個数を数えるだけ！

❶ 48+60+36+48+24+72=?

❷ 29+88+61+62+119+62+89=?

たし算する数字が、すべてある数の倍数になっているとき、その数を1個の「まんじゅう」と見立てて計算すると、簡単に計算できます。

これを**まんじゅうカウント**と呼んでいます。

❶の場合、たし算するすべての数字が**12**の倍数であることを見抜けば、**12**を1個のまんじゅうだと考えましょう。

48+60+36+48+24+72

=⑫⑫⑫⑫+⑫⑫⑫⑫⑫+⑫⑫⑫+⑫⑫⑫⑫+⑫⑫+
⑫⑫⑫⑫⑫⑫

=12×24 ◄── まんじゅうを目で数えていけば24個

| =288

「計算しなければ！」と肩ひじをはらずに、ゆっくりとまんじゅうを「1、2、3…」と数えていけばよいのです。

まんじゅうカウントは、すべての数字がある数の倍数になっている必要はありません。過不足の部分だけ差し引きすればよいのです。

❷は29+88+61+62+119+62+89となっていますが、これらの数字は10の倍数に少しずつ過不足があるので、10を1個のまんじゅうと考えましょう。

$$29+88+61+62+119+62+89$$
$$=(⑩⑩⑩-1)+(⑩⑩⑩⑩⑩⑩⑩⑩-2)+(⑩⑩⑩$$
$$⑩⑩⑩+1)+(⑩⑩⑩⑩⑩⑩+2)+(⑩⑩⑩⑩⑩⑩⑩⑩⑩⑩⑩⑩-1)+(⑩⑩⑩⑩⑩⑩+2)+(⑩⑩⑩⑩⑩⑩⑩⑩⑩-1)$$
$$=10×51+(-1-2+1+2-1+2-1)$$
$$=510$$

いかがですか？　面倒そうに見えた計算が簡単にできましたね。

「グループ化」で
効率よく計算する

**たし算の順番を計算しやすいように並べかえるのが
コツ**

---

❶ 18+77+49+25+32=?
❷ 162+175+238+69+64+31+63+124=?

　複数の数字をたし算（ひき算）するときは、簡単に計算できるように順番を並べかえましょう。これを**グループ化**と呼ぶことにします。

　グループ化のコツは、

●一の位を見て、足したら0になるものどうしを先に足す（たとえば1と9、2と8…）

●一の位がちょうどじゃなくても、だいたいの和が100とか1000に近いものを先に足す（たとえば32と67は、足すと99なので100−1と置きかえる）

❶を見てください。このたし算を順番に計算していくのは

面倒です。そこで、たし算する数字をよく見比べてみましょう。

18と32は足すと一の位が0になるので**グループ化**します。77と25は足すと102となるので**100+2**と置きかえることができます。残った49も50−1と考えると、ほとんど計算なしで答えが出てきます。

$$18+77+49+25+32$$
$$=(18+32)+(77+25)+49$$
$$=50+(100+2)+(50-1)$$
$$=(50+100+50)+(+2-1)$$
$$=200+1$$
$$=201$$

同じように❷も見てみましょう。　ここまでたし算する数字が多いと、前から順番にたし算していくのは至難の業です。ソロバンなどで普段から訓練をしていてもひと苦労といったところでしょう。

これを次のように**グループ化**すればラクに解けてしまいます。

$$162+175+238+69+64+31+63+124$$
$$=(162+238)+(175+124)+(69+31)+(64+63)$$

```
=400+(300−1)+100+(100+27)
=(400+300+100+100)+(−1+27)
=900+26
=926
```

　グループ化のやり方はひと通りではありませんが、いずれにせよ、計算の順番を入れかえていい場合には、できるだけ簡単に計算できるようにするのがコツです。

hint! 29

ひき算とかけ算の 組み合わせは「コイン支払い方式」で

日常生活の場面に置きかえて考えると簡単に計算できる

❶ 1200−196×6=?

❷ 1780−392×4=?

かけ算とひき算が混じっているときは、次のように考えると簡単に答えを出すことができます。

❶を考えてみましょう。単なる計算式と考えると、**196×6** というのはむずかしそうですが、こんなふうにストーリーを考えるとうまくいきます。

今、あなたは1200円（100円硬貨を12枚）持っていて、196円のお菓子を6個買うとします。すると「おつりがいくらになるか」というのがこの計算式ですね。

このとき、お菓子6個を一度に買わずに、6回に分けて買うと考えます。1200円持ってるわけですから、200円を出し

て196円のお菓子を買うことを6回繰り返すわけです。

　1回ごとに4円のお釣りがあるので、6回繰り返すと**6×4=24**、すなわち24円のおつりが残ることになります。

　これを数式にすると、次のようになります。

```
1200−196×6
=200×6−196×6
=(200−196)×6
=4×6
=24
```

　196円のお菓子を100円玉2枚（コイン2枚）で買うと考えるので**コイン支払い方式**と呼んでいます。

　むずかしそうに見えた計算式がこんなに簡単に解けるなんて、おどろきですよね！

　では、**❷**はどう考えればよいでしょうか？　財布に1780円入っていて、392円のコーヒーを4人分注文するとき、おつりはいくらかと考えます。実際には財布の中の1780円のうち、400円ずつ4回支払うので、1600円しか使いません。残り180円は財布の中に残ったままです。

つまり、次のような計算になります。

1780−392×4
=(180+400×4)−392×4
=180+(400−392)×4
=180+8×4
=212

この手の計算は日常生活でもたくさん出てくるので、**コイン支払い方式**をぜひ使ってみてください。

面倒なひき算は
「コイン両替方式」で

❶ 600−428=?

❷ 1452−675=?

こんなふうに、普通に繰り下がりがあって、さっと計算できないような面倒なひき算、よく見かけませんか?

❶を普通にひき算すると、**600**の十の位も一の位もともに0なので繰り下がりが必要となり、とても面倒ですね。でも買い物などでは、こういう計算を必要とするケースは多いはずです。

もし、これが1円少ない599円だったらどうでしょう?
9という数字は、どんな1ケタの数でもひき算することができるので、繰り下がりが絶対に出てきません。たった1円のちがいで、計算が格段に簡単になるということです。

そこで、600円から1円を横に置いておいて、599円からひき算しましょう。

そして、最後に横に置いた1円を元に戻せばいいのです。

600−428
=1+599−428
=1+(599−428)
=1+171
=172

この「1円を横に置いておく」という部分、まるで100円玉を両替するような感じなので**コイン両替方式**もしくは単に**両替方式**などと呼んでいます。たしかに、私たちも日常生活ではこういうことをちょくちょく経験していますよね。

では❷の場合はどうしましょう？

1452−675のうち、**1452**の部分だけ一部両替しちゃいましょう。具体的には1400円のうち、100円だけ細かくするといいですよ。

1452−675
=(52+1400)−675

$$=52+(1+1399)-675$$
$$=(52+1)+(1399-675)$$
$$=53+724$$
$$=777$$

　コイン両替方式では、**9**からのひき算を何度も繰り返すので、たし算すると**9**になる4つのペア（**1**と**8**、**2**と**7**、**3**と**6**、**4**と**5**）を、ぜひ覚えてしまいましょう。

COLUMN

計算で使われる「＋」「－」「×」「÷」って？

　私たちが普段何気なく使っている「＋」「－」「×」「÷」の記号は、いつ頃から使われだしたのでしょう？

　「＋」「－」というのは、今から500年ほど前の15世紀末頃、ドイツの数学者、ヨハネス・ヴィドマンが著書『あらゆる商業のための算術書』の中で使ったのが最初だとされています。ただし、その本の中での意味は「たし算」「ひき算」ではなかったそうです。今のような使われ方になったのは、その数十年後の16世紀初め頃のようです。

　ちなみに「＋」は "et"（ラテン語で接続詞「及び」の意味）の "t" が、「－」は "minus"（ラテン語で「より少ない」の意味）の "m" の筆記体に書く上線が、そのまま記号になったといわれています。

　「×」は17世紀前半に発表された、イギリスのウィリアム・オートレッドの著書『数学の鍵』で使われたのが最初だそうです。ただし、同じ意味で使われる「・」のほうが断然、歴史が古いとのこと。

　「÷」はそれらにくらべると歴史は古いようで、15世紀の初め頃にはイギリスの金融街で使われていたようです。その頃は「半分」という意味で、たとえば「6÷」と書くと「6の半分」すなわち「3」という意味だったそうです。

　わり算を表す記号として使われたのは、それよりずっと後、

1659年に刊行されたスイスのヨハン・ハインリッヒ・ラーンの著書『Teutsche Algebra』という代数学の本の中でのことだったようです。

「＝」は、1557年にウェールズの数学者ロバート・レコードによって発明されたとされています。2本の平行線は長さが等しいので「イコール」という意味になったということです。

第5章

「分数」「割合」の基本

分数と小数は
「使い分け」が大切

分数と小数は、どちらが適しているかを考える

❶ $2.5 - \dfrac{11}{8} = ?$

❷ 7gの食塩を4等分したものと、9gの食塩を8等分したものを合わせると合計で何g?

　この章では「分数」と「小数」について考えてみましょう。そもそも、分数も小数も「1より小さい数」「半端な数」を扱う数、という認識がありますが、うまく使い分けている人は意外と少ないように思います。

　それはなぜかというと、学校では小数の「たし算・ひき算・かけ算・わり算」も学習するし、分数の「たし算・ひき算・かけ算・わり算」も学習するのですが、どちらが適しているのかということを考える機会があまりないからです。

　小数というのは10進数の延長です。小数点の場所をそろえることさえ気をつけておけば、基本的には10進数と同

じ考え方で計算ができます。

でも、10進数では考えにくい数も存在します。

たとえば、ケーキを3等分したときの1切れは「ケーキ$\frac{1}{3}$個」と簡単に表現できますが、これを小数で表すとなると「0.3333…個」となってしまいます。

10進数の基本である**10**という数と相性のよくない数で割ったりすると、たちまちこのようなことが起こってしまうのです。

そんなときに分数が活躍するわけです。分数を使うと都合がいい状況なら分数を使うべきだし、小数を使うと都合がいい状況なら小数がいいわけです。

では、小数と分数が計算式に混じっているとき、小数を分数に、あるいは分数を小数にさっと変換できる方法はあるのでしょうか？

たとえば❶の場合、2.5という小数と、$\frac{11}{8}$という分数が混在しています。この場合、

2.5を分数にする

やり方と、

$\dfrac{11}{8}$を小数にする

やり方の2通りが存在します。

■小数を分数にする場合

$2.5 - \dfrac{11}{8}$

$= \dfrac{5}{2} - \dfrac{11}{8}$

$= \dfrac{20}{8} - \dfrac{11}{8}$

$= \dfrac{9}{8}$

■分数を小数にする場合

$2.5 - \dfrac{11}{8}$

$= 2.5 - 1.375$

$= 1.125$

　どちらのやり方でもそんなに変わらないかもしれません。ともかく、小数と分数の変換をうまくやることが計算の鍵になります。

❷も同じように考えます。

問題文を読むと、分数で考えるほうがよさそうですが、実際問題として食塩の量を分数でいう人はあまり多くありません。そう考えると、最終的には小数で答えるべきでしょう。

これも、小数に変換してから計算する方法と、分数のまま計算してから小数に変換する方法の2種類あります。

■小数に変換してから計算する場合

$\dfrac{7}{4}+\dfrac{9}{8}$

$=1.75+1.125$

$=2.875$→(答え)2.875g

■分数のまま計算してから小数に変換する場合

$=\dfrac{7}{4}+\dfrac{9}{8}$

$=\dfrac{14}{8}+\dfrac{9}{8}$

$=\dfrac{23}{8}$

$=2.875$→(答え)2.875g

こう考えると、小数と分数のどちらを使うべきなのか、意外と奥が深いことがわかります。

かけ算は分数で、
たし算は小数で

かけ算やわり算では分数に変換してから計算するほうが簡単

---

❶ $5.6 \times 1.25 = ?$

❷ $\dfrac{28}{5} + \dfrac{5}{4} = ?$

　前項で、小数と分数の計算では、どちらを使うべきなのか、奥が深いと紹介しましたが、実はちょっとした定石のようなものも存在します。

　実際に問題を見ながら説明しましょう。

　❶はかけ算になっています。

　小数の場合は10進数といっしょですから、ケタ数が増えると計算が面倒になります。

```
    5.6
×  1.25
─────────
    280
   112
    56
─────────
  7.000
```

❶の答えは**7**になりますが、これを分数に変換してやってみるとどうなるでしょう?

5.6×1.25

$= \dfrac{56}{10} \times \dfrac{5}{4}$

$= \dfrac{\overset{14}{\cancel{56}} \times \overset{1}{\cancel{5}}}{\underset{2}{\cancel{10}} \times \underset{1}{\cancel{4}}}$ ← これを約分する

$= \dfrac{14}{2}$

$= 7$

小数のまま計算するよりずっとラクですね。

分数のかけ算やわり算では「約分」が使えるため、小数よりずっと簡単に計算できる場合が多いのです。

定石 かけ算・わり算は分数に変換せよ

では❷を見てみましょう。

これを、このまま小学校で習ったように通分を使って計算すると、次のようになります。

$\dfrac{28}{5} + \dfrac{5}{4}$

$= \dfrac{112}{20} + \dfrac{25}{20}$

$$= \frac{137}{20}$$

　分数の場合、分母がそろっていればたし算・ひき算が簡単にできるのですが、そうでないときは通分をしないといけないので、逆に面倒なことが多いのです。

　こんなときには、（さっと変換できるのであれば）小数に変換してから計算するほうが得策です。

$$\frac{28}{5} + \frac{5}{4}$$
$$=5.6+1.25$$
$$=6.85$$

　これが、もう1つの定石です。

　定石 たし算・ひき算はできる限り小数に変換せよ

　この2つ定石を上手に使い分けるのが、分数や小数を計算するときのコツです。

「小数⇔分数」を
上手に行き来する

「小数→分数」「分数→小数」の変換で計算は格段に速くなる

❶ 360×0.75=?
❷ 350×0.8=?

　小数のかけ算を見ると、すぐに筆算しようとしたり、電卓を探したりする人は多いと思います。でも、日常生活に出てくる小数というのはかなり偏りがあって、それをよく研究しておけば、意外にさっと計算できることも多いのです。

　まず❶を見てください。このままでは複雑そうですが、0.75という小数に注目しましょう。実は、

$$0.75=\frac{3}{4}$$

であることさえわかれば、暗算でさっとできるような計算なのです。

```
360×0.75
=360× 3/4
=360÷4×3
=90×3
=270
```

　たとえばスーパーマーケットで、360円のおそうざいが
25％引きで売られているとしましょう。このときの売値を計算
する式が、まさに**360×0.75**というわけです。**0.75**という小
数は意外と日常生活でよく出てくるので、ぜひとも覚えてお
いてほしい「小数→分数」の変換です。かけ算のときには
分数のほうが計算しやすいことは前項で説明しましたね。

　❷も同じように考えてみましょう。
　350×0.8という式も、**0.8**という小数を分数に変換できれ
ばよさそうですね。

```
350×0.8
=350× 4/5
=350÷5×4
=70×4
=280
```

　いかがですか？　これも、スーパーで350円のおそうざいが2割引きで売られていると考えるといいですね。

　こんなふうに、よく出てくる小数を分数にさっと変換できれば、かけ算がとても簡単になります。

暗記すると便利な
「分数⇔小数」変換

日常生活でもよく出てくる「$\frac{1}{8}$＝0.125」は覚えて
おくと便利

❶ $\frac{3}{8}$＝?

❷ 1.4＝$\frac{?}{5}$

❶の$\frac{3}{8}$を普通に筆算でわり算すると意外と時間がかか
りますが、実は8等分というのはよく出てくる数です。という
のも、1を半分にして半分にして、さらにその半分、それが
$\frac{1}{8}$だからです。そこで、まず覚えていただきたいのは、
$\frac{1}{4}$と$\frac{1}{8}$の倍数についての小数変換です。

0.125＝$\frac{1}{8}$

0.25＝$\frac{1}{4}$

0.375＝$\frac{3}{8}$

$0.5=\dfrac{1}{2}$

$0.625=\dfrac{5}{8}$

$0.75=\dfrac{3}{4}$

$0.875=\dfrac{7}{8}$

これらを覚えておくと計算はとてもラクになります。❶も簡単に計算できますね。

$$\dfrac{3}{8}=0.375$$

次によく出てくるのは$\dfrac{1}{5}$の倍数です。

$0.2=\dfrac{1}{5}$

$0.4=\dfrac{2}{5}$

$0.6=\dfrac{3}{5}$

$0.8=\dfrac{4}{5}$

こちらは、わざわざ覚えなくてもわかっているという人も多

いと思いますが、慌てていたりすると、なかなかさっと出て
こなかったりするものです。

　ですから、ぜひ意識して暗記するようにしてください。

　当然、これを使うと❷もさっと解けます。

1.4

$=1+\dfrac{2}{5}$

$=\dfrac{7}{5}$

もしくは、

1.4

$=0.2×7$

$=\dfrac{7}{5}$

　数字を覚えるというと面倒そうに思うかもしれませんが、
脳内にある多くの"数字"がどんどん活性化してきます。ぜひ、
何度も繰り返して自分のものにしてください。

hint!
35

分数のたし算・ひき算にも「グループ化」を使う

分母に着目して「グループ化」すれば簡単に計算できる

❶ $\dfrac{1}{3} + \dfrac{1}{4} + \dfrac{1}{6} - \dfrac{1}{8} = ?$

❷ $\dfrac{1}{14} + \dfrac{1}{6} + \dfrac{1}{12} + \dfrac{3}{7} = ?$

　前にかけ算やたし算を簡単にする方法として**グループ化**という話をしました。かけ算やたし算は順番を入れかえても答えは変わらないから、それなら都合のいい順番で計算しましょう、というものでした。

　実は、これと同じことが分数のたし算やひき算にもいえるのです。

　たとえば❶を見てみましょう。

　分数が4つありますが、これらを一挙に通分するのは大変ですし、前から順番にたし算していっても面倒そうです。

　そこで、こういう場合は、相性のよさそうなものからたし算

していきましょう。

　具体的には、分母が**3**の倍数である$\frac{1}{3}$と$\frac{1}{6}$をまとめて、

同じく分母が**4**の倍数である$\frac{1}{4}-\frac{1}{8}$を先に計算すると、

かなりあっさりと答えが出ます。

$$\frac{1}{3}+\frac{1}{4}+\frac{1}{6}-\frac{1}{8}$$
$$=\left(\frac{1}{3}+\frac{1}{6}\right)+\left(\frac{1}{4}-\frac{1}{8}\right)$$
$$=\left(\frac{2}{6}+\frac{1}{6}\right)+\left(\frac{2}{8}-\frac{1}{8}\right)$$
$$=\frac{1}{2}+\frac{1}{8}$$
$$=\frac{5}{8}$$

　分数のたし算やひき算というのは不思議なもので、計算
結果を約分することで、意外と簡単な答えになることが多
いのです。この場合なら、$\frac{1}{3}+\frac{1}{6}=\frac{1}{2}$になる、というのが
ポイントです。

　同じように❷もやってみましょう。
　これも分母に注目すると、**7**の倍数の2つと、**6**の倍数の2
つが**グループ化**できそうです。

$$\frac{1}{14} + \frac{1}{6} + \frac{1}{12} + \frac{3}{7}$$

$$= \left(\frac{1}{14} + \frac{3}{7}\right) + \left(\frac{1}{6} + \frac{1}{12}\right)$$

$$= \frac{1}{2} + \frac{1}{4}$$

$$= \frac{3}{4}$$

コツは分母の相性です。複雑そうな分数の計算がスラスラとほどけるように解けるのが、不思議な感じがしますね。

公約数がすぐにわかる
「新ユークリッド互除法」

大きな数の公約数も簡単に見つけられる便利な方法

12319と6499の公約数は?

少し数学を勉強した人なら、公約数といえば「ユークリッドの互除法」を思い出します。ちなみに「ユークリッド」というのは、昔のギリシャの数学者「エウクレイデス」の英語読みです。

このエウクレイデスさんが、かつて**A**と**B**(**A>B**とします)という2つの数(自然数)が与えられたときに、その2つの数の公約数の求め方を発見しました。

それは次のようなやり方です。

まず**A**を**B**で割り、そのあまりを**C**とします。次に**B**を**C**で割り、そのあまりを**D**とします……。

これをずっと繰り返し続けるのです。そして、あるとき**X**を

Yで割ったら割り切れたとすると「このYが元のAとBの公約数だ」というわけです。

　問題にある12319と6499の公約数なら、次のようになります。

```
12319÷6499 =1　あまり　5820
 6499÷5820 =1　あまり　 679
 5820÷ 679 =8　あまり　 388
  679÷ 388 =1　あまり　 291
  388÷ 291 =1　あまり　  97
  291÷  97 =3　あまり　   0
```

　よって、12319と6499の公約数は97

　でも、こんなふうにして公約数が見つかるのは、面白いといえば面白いですが、あまり実用的ではありません。そこで、もう少し実用的な方法をここでお教えします。

　それが、本書で提案する、**新ユークリッドの互除法**です。

　具体的には、最初の2数の差をとります。

12319と6499なら、12319−6499＝5820です。公約
数は必ずこの差の約数になっているはずなので、そこから
探すのです。

5820
＝291×20
＝97×3×20

　この結果、97と3と20が公約数の候補です。
　12319はどう見ても偶数でもないし5の倍数でもないので、
20が約数にはなれません。また、12319も6499も3では
割り切れないので、残った97である可能性が高くなります。
　そこで、どちらか一方でいいので、実際に97で割ってみ
るのです。

6499÷97＝67、あまり0
すなわち、元の2数の公約数は97だというわけです。

　ユークリッドの互除法よりも、やや"いい加減な"やり方で
すが、よほど大きい数でなければ、たいていはさっと公約数
がわかるので重宝することも多いものです。
　ぜひ練習してみてください。

分数の約分にも
「新ユークリッド互除法」を使う

> 「これ以上約分できないか？」と確認するクセをつけ
> よう

---

❶ $\frac{78}{91}$ を約分してください。

❷ $\frac{119}{161}$ を約分してください。

　意外と、分数の約分って気がつかないことが多いもので
す。実際、中学生や高校生に数学の試験をして答案を採
点してみると、分数を約分しないまま放ってあるのをよく見
かけます。

　❶は、公約数さえわかれば、すぐに約分ができるはずで
す。

　そこで、前項で紹介した**新ユークリッドの互除法**を使い
ます。

　$\frac{78}{91}$ がこれ以上約分できないかどうかを判断するために、
まずは**91−78**を計算してみましょう。

91−78=13

というわけで、**13**が公約数の可能性があります。そこで、今度は**78÷13**を計算します。

78÷13＝6　あまり0

13で割り切れるので、**78**も**91**も**13**の倍数だということになります。そこで、元の分数を**13**で約分しましょう。

$$\frac{78}{91} = \frac{6}{7}$$

このように、大きな分数や比などを見たときには、ともかく大きい数から小さい数を引き算して、その約数を調べることからはじめましょう。

「もうこれ以上約分できないか」ということを常に確認するクセをつけておくと、たいていの約分には気がつくはずです。

❷も見ておきましょう。

119と**161**という数をパッと見ただけでは、約分できそうかどうかわかりませんが、**新ユークリッド互除法**を使うと簡単に公約数を見つけることができます。

161−119=42

ですので、**42=6×7**から**6**か**7**が約数の候補です。

119が**6**で割り切れそうにないので、**7**が約数でありそうな気配を感じます。

119÷7=17
161÷7=23

となり、やはり**7**が**161**と**119**の公約数です。

よって、❷は次のように約分できます。

$$\frac{119}{161} = \frac{17}{23}$$

時間の計算

一週間は何時間でしょう?

一生が80年だとして人生は何日あるでしょう?

こんな質問をすると、多くの人が「そんなことを考えたことは
ないよ!」ということでしょう。でも、こういうふうに少し単位を
変えて時間を考えることで、人生の見方がガラッと変わること
もあります。

たとえば、1週間は7日ですが、何時間かと問われると、

7日×24時間=168時間

です。思ったより少なくないですか? さらに、そのうち4分
の1が睡眠時間だと仮定すると、

168時間 × $\frac{3}{4}$ = 126時間

私たちは1週間のうちに126時間しか活動できないのです。

ちなみに、1週間=168時間を分・秒に直すと、それぞれ

168時間×60分=10080分

10080分×60秒=604800秒

となります。

ざっくりいうと、一週間は1万分=60万秒だという計算にな
ります。

人生が何日かという問いも、ここでざっくり見ておきましょう。

まず、1年はほぼ50週間ですので、

50週間×80年=4000週間

さらに、1週間は7日なので、

　4000週間×7日＝28000日

　人生がたった28000日しかないと考えると、毎日を少しでも有意義に過ごしたくなりませんか？

第**6**章

「場合の数」「確率」の基本

「場合の数」と「確率」は
人生の道しるべ!?

日常のいろいろな場面で「確率」の考え方が役に立つ

　この章では「計算力」の応用編として**場合の数**と**確率**を
取り上げます。

　そもそも、何らかの人生の岐路においては、確率の考え
方が大切になることが多いものです。確率の考え方がしっ
かり身についている人は、大きく道を踏みはずすことはない
はずです。

　そういう意味では**場合の数**や**確率**の知識というのは「人
生の道しるべ」だということができるのではないでしょうか。

　たとえば、みなさんは原付バイクに乗ったことがあるでしょ
うか?

　実は、私は車の免許証を持っていなくて、20代のころに
原付免許を取得したのですが、このときにいろいろ確率的
なことを考えました。

　原付バイクはとても便利ですが、それゆえにいろいろ問

題も起きます。たとえば、事故に遭う確率が高いこと（こちらが加害者にも、被害者にもなります）。また、制限速度が30km/hということもあり、速度違反で罰金を支払う人が多いこと。意外と盗難が多いこと……などです。

　こうした問題が起こる確率は、1つひとつは小さいとしても、原付に乗っている友人たちに聞くと、先に挙げた問題のどれか1つぐらいは経験していることがわかりました。

　そうなってくると「いくら自分が気をつけて運転したとしても、きっと何らかのトラブルを経験する確率は高いな」という結論に達したのです。

　そのため、任意保険は少し高額のものに加入することにしました。幸い、まだ一度も保険を使ったことはありませんが。

　別の例もあげましょう。

　以前に私の進学教室で指導していたある高校生が、どうしても薬学部がいいといって、大学の薬学部ばかりたくさん受験したのですが、すべて不合格になったことがありました。

　受験する前は「10校ぐらい受験したら、どれか1つぐらい合格するだろう」という気持ちだったようですが、残念ながら、そんなに甘いものではありません。合格する学生は受験し

た多くの学校に合格するし、実力が足りない学生はいくら
受験校を増やしても合格する確率は低いのです。それが
受験というものです。

　その高校生は結局、すべての大学に不合格となり、1年
浪人して実力をつけてから薬学部に進学しました。

　これらはほんの一例ですが、そういうふうに確率的に正し
く物事を考えるということは、人生の節々において有効なこ
とが多いものです。

　次項からは、いくつかの具体例を示しながら場合の数や
確率について説明していきたいと思います。

hint! 39

「場合の数」の 基本的な考え方

お互いが関係なければ、それぞれの「場合の数」をかけ算する

男性5人・女性4人のグループで、男女1人ずつ合計2人の幹事を選出します。選び方は何通りあるでしょう？

場合の数を考える上で大切なことは、すべての場合を1つずつ数える気持ちを持ちながら、実際には効率のよい方法を考えて計算するということです。

上の問題の場合、男性5人を**A**、**B**、**C**、**D**、**E**、女性4人を**a**、**b**、**c**、**d**として、すべての場合を書き出すと、次のようになります。

（Aが幹事の場合）	（Bが幹事の場合）	（Cが幹事の場合）
A–a	B–a	C–a
A–b	B–b	C–b
A–c	B–c	C–c
A–d	B–d	C–d

（Dが幹事の場合）（Eが幹事の場合）

（Dが幹事の場合）	（Eが幹事の場合）
D−a	E−a
D−b	E−b
D−c	E−c
D−d	E−d

ただ、実際には男性5人の誰が選ばれても、女性4人の選び方が4通りあると気づけば、次のような簡単な計算で答えが出ます。

5×4=20
すなわち答えは**20通り**。

この場合の男性と女性のように、お互いがまったく関係なく選ばれるのであれば、それぞれの**場合の数**をかけ算すればよいのです（「お互いがまったく関係なく選ばれる」ことを、確率の世界では「独立」と呼びます）。

たとえば、大小2つのサイコロをふるときの目の出方も同様です。

大きいサイコロの出る目と小さいサイコロの出る目はまったく関係がありません。ですから、それぞれのサイコロの目

の出方6通りをかけ算すれば答えがわかります。

6×6＝36

すなわち**36通り**です。

　このような**場合の数**の計算は日常生活でもよく使いますし、簡単に計算できると便利です。

　まずは、**場合の数**は簡単なかけ算で計算できるということを理解しておきましょう。

複雑な「場合の数」は
樹形図で考える

簡単にかけ算で計算できないときは、すべてのパターンを1つずつ数えよう

> AとBの2チームが野球を5試合します。先に3試合勝ったほうが優勝します。優勝が決まるまでに何通りのパターンが考えられるでしょう？

　前項のように、いくつかの**場合の数**がお互いに関係ないとき、それら全体の場合の数はかけ算で計算できることがわかりました。

　たとえば「AとBの2つのチームが野球で3試合対戦するとして、その勝ち負けのパターンはいくつあるか？（引き分けを考えない）」という問題の場合、試合ごとに勝ち負けのパターンは2通りなので、次のように計算できます。

　　$2×2×2=8$
　　よって8通り。

これはわかりやすいですね。

しかし、今回の問題のように「先に○勝したら優勝」というケースはどうでしょう？ プロ野球の「クライマックスシリーズ」や「日本シリーズ」などで採用されている方式ですが、このパターンがいくつあるか計算するのは、ちょっと複雑ですね。実は、こういう場合は計算するよりも、すべてのパターンを実際に数えたほうが速かったりします。

この問題の場合、下図のような樹形図を使うとわかりやすいでしょう。図の形が樹の枝に似ているので、こう呼びます。

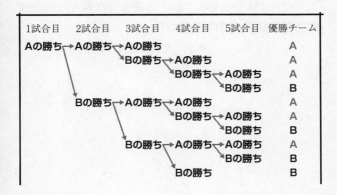

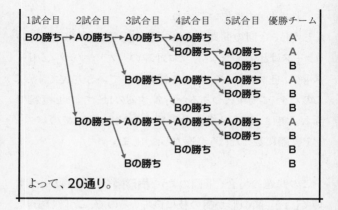

1試合目	2試合目	3試合目	4試合目	5試合目	優勝チーム
Bの勝ち	→Aの勝ち	→Aの勝ち	→Aの勝ち		A
			Bの勝ち	→Aの勝ち	A
				Bの勝ち	B
		Bの勝ち	→Aの勝ち	→Aの勝ち	A
				Bの勝ち	B
			Bの勝ち		B
	Bの勝ち	→Aの勝ち	→Aの勝ち	→Aの勝ち	A
				Bの勝ち	B
			Bの勝ち		B
		Bの勝ち			B

よって、**20通り**。

このように樹形図を書きながら、**考えられるパターンをすべて数えていく**のがポイントです。

ぜひ、何度も書いて練習してみてくださいね。

hint! 41

「順列」の考え方を マスターしよう

n個の中からr個を取り出して並べるときの場合の数

> 9人のグループから、リーダーとサブリーダーを1人ず つ選出します。選び方は何通りあるでしょう？

　場合の数における最も大切な基本は**順列**と呼ばれるもの です。**順列**とは、その名前が示す通り「順番に並べる」と いう意味です。

　順列というのは、いくつかの異なるものが n 個あるとして、 そこから r 個取り出して並べる場合の数を表します。
　たとえば、リンゴ、ミカン、スイカ、バナナ、ブドウがあるとし て、それらから3つ取り出して並べることを考えましょう。

の中から3つ取り出す

→（　　　）（　　　）（　　　）

　まず一番左に、これら5種類の中から1つ選んで入れます。

この場合の数は5通りです。

　次に真ん中に、残り4種類の中から1つ選んで入れます。この場合の数は4通りです。

　最後に一番右に、残り3種類の中から1つ選んで入れます。この場合の数は3通りです。

　最初の5通りそれぞれに真ん中の4通りがあり、さらにそのそれぞれに右の3通りがあるので、すべての並べ方の場合の数は、かけ算すればよいことがわかります。

5×4×3=60
よって、答えは**60通り**です。

　考え方としては、**n**個の異なるものから**r**個を取り出して並べる場合の数は、**n**から1つずつ減らして、それらを**r**回分、どんどんかけ算していくのです。すなわち、

$$n×(n-1)×(n-2)×(n-3)×(n-4)×\cdots$$

r回

　ということです。このことを順列（Permutation）と呼び、記号で**nPr**と書きます。

たとえば、5つのものから3つを取り出して並べる場合の数は、

$$_5P_3 = 5 \times 4 \times 3 = 60（通り）$$

となります。

このことを使って、冒頭の問題を考えてみましょう。

9人から2人を選び出して並べるのと同じ場合の数になりますから、次の計算で答えが出ますね。

$$_9P_2 = 9 \times 8 = 72$$

よって、**72通り**です。

順列というのは、日常生活の多くの場面で使われる考え方の1つです。

ぜひ、どんなところで順列が出てくるのか、いろいろ探してみましょう。

「組み合わせ」という
考え方

「取り出して並べる」のと「取り出す」だけでは計算方法がちがう

> 9人のグループから2人の委員を選出します。選び方は何通りあるでしょう?

「あれ、前項の順列の問題と同じじゃないの?」と思った方、大勢いらっしゃるのではないでしょうか。

実際に、このような問題を出すと、

1人目の選び方は9通り、2人目の選び方は8通り。
よって9×8=72通り

という解答が続出します。でもこれはまちがい。

なぜかというと、仮に2人の委員がAさんとBさんだとして、

1人目でAさん、2人目でBさんを選ぶのと、
1人目でBさん、2人目でAさんを選ぶのと、

　結果的には同じことなので、これら2通りの選び方を1通りと数えないといけないからです。

　前項の**順列**の考え方では、1人目がリーダー、2人目がサブリーダーと、選ばれる2人はちがっていました。しかし、この問題では2人とも「委員」であり、区別はないのです。

　この問題の場合、**9×8=72通り**の中に2つずつ同じものが入っていますので、その場合の数を除かなければなりません。

　具体的には、2つずつ同じものが入っているので2で割ればいいわけです。

(9×8)÷2=36
よって、**36通り**です。

　このように、順番に関係なく、とりあえず**n**個の異なるものから**r**個のものを選び出すときの場合の数は、**nPr**（**n**個から**r**個取り出して並べる場合の数）を**rPr**（**r**個のものをすべて並べる場合の数）で割ると求められます。

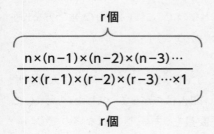

$$\overbrace{\underbrace{\frac{n \times (n-1) \times (n-2) \times (n-3) \cdots}{r \times (r-1) \times (r-2) \times (r-3) \cdots \times 1}}_{r個}}^{r個}$$

　このことを**組み合わせ(Combination)**と呼び、記号で**nCr**と書きます。

　たとえば、5つのものから3つを取り出す場合の数は、次のように計算できます。

$$_5C_3 = \frac{5 \times 4 \times 3}{3 \times 2 \times 1} = 10（通り）$$

　順列とともに、この**組み合わせ**も、場合の数や確率を考える上でとても重要な考え方です。

　毎日の生活の中でもしばしば登場する考え方ですので、そのたびに考えてみるようにしてください。

hint!
43

確率の基本は
「同様に確からしい」こと

> サイコロを2個ふって、大きいほうの目が「5」になる確率はいくらでしょう?（どちらも「5」の場合を含む）

サイコロをふると、6通りの目が出ることは、みなさんご存知ですよね？

これら6通りの目は、きれいな形をしたサイコロなら、すべて同じ確率で出るので、たとえばサイコロを1回ふって「1」の目が出る確率は $\frac{1}{6}$ です。

でも、サイコロの形が歪んでいたり、重さが均質でなかったりすると「1」の目が出やすかったり出にくかったりすることもあります。そうなると、それぞれの目の出る確率は $\frac{1}{6}$ ではなくなります。

確率を考える上で大切なのは**同様に確からしい**という考え方です。

つまり、サイコロをふるという行為（確率の世界では「試行」

と呼びます）において、いくつかの事柄（同じく「事象」）が起こりうるとして、それらの事柄がすべて同じように起こりうるとき、それらは「同様に確からしい」と呼ぶのですが、その前提があると、**場合の数**を数えるだけで、確率が簡単にわかるのです。

　サイコロを1回ふるという試行において「1の目が出る」という事象は、同様に確からしい6通りの事象のうちの1つなので、その確率は $\frac{1}{6}$ だといえるのです。

　このことを用いて、冒頭の問題を考えてみましょう。
　まちがえやすいのは「サイコロをふったときの目の出方は6通りだから、答えも $\frac{1}{6}$」とやってしまうことです。
　たしかに目の出方は6通りですが、残念ながら"大きいほうの目"として出る確率は、同様に確からしくないのです。なぜなら、「1」はもう一方も「1」の場合にしか大きいほうの目とはなりませんが、「5」はもう一方が「6」以外なら大きいほうの目となるからです。
　ではどのように考えたらよいのでしょう？

　2個のサイコロをA、Bとして、すべての目の出方を考えます。2個あるので、Aのサイコロ6通りの目の出方に対し

てBのサイコロ6通りの目の出方が考えられるので、

6×6＝36（通り）

となります。

　これら36通りはすべて「同様に確からしい」事象ですので、36通りの目の出方を表に書いて、大きいほうの目が「5」であるような場合が何通りあるか調べるのです。

　このように、条件にあてはまるすべての場合を書き出して確率を求めることを、俗に**数え上げ**といいます。

●サイコロA、Bをふったときの大きいほうの目

		B の目					
		1	2	3	4	5	6
A の目	1	1	2	3	4	5	6
	2	2	2	3	4	5	6
	3	3	3	3	4	5	6
	4	4	4	4	4	5	6
	5	5	5	5	5	5	6
	6	6	6	6	6	6	6

　こんなふうになりますね。これら36個のマスのうち、大きいほうの目が「5」であるのは9個あるので、

求める確率は $\dfrac{9}{36} = \dfrac{1}{4}$ となります。

　このように、**数え上げ**の手法というのは、すべての起こりうる事柄1つひとつが「同様に確からしい」ときに、絶大な効力を発揮します。

hint!
44
いくつかの場合の
確率は「和の法則」で

A、Bが同時に起こらないとき「AまたはB」となる確率は「Aの確率」＋「Bの確率」

サイコロを2個ふって、出た目の和が「3の倍数」になる確率はいくらでしょう？

　まず、問題文をよく考えることが重要です。確率が考えにくい場合というのは、たいてい状況をちゃんと把握していないことが多いのです。

　この問題の「サイコロの目の和が3の倍数になる」というのはどういうことでしょう？
　もちろん、意味としては文章が示しているままなのですが、実際に同じ状況を別の簡単な言い方で表現できないでしょうか？

　そもそもサイコロ2個をふって、出た目の和にはどんな種類があるでしょう？

●一番小さいときは「1」と「1」で和は2

●一番大きいときは「6」と「6」で和は12

　出た目の和は、この**2**と**12**の間にあるすべての整数ですので「**2、3、4、5、6、7、8、9、10、11、12**」の11種類が考えられるわけです。

　このうち3の倍数というのは「**3、6、9、12**」の4種類ですので、和がこれら4つのどれかになる確率を考えればいいわけです。

　前項でやったように、表をつくって<u>数え上げ</u>をしてみましょう。

●サイコロA、Bをふったときの目の和

		Bの目					
		1	2	3	4	5	6
Aの目	1	2	3	4	5	6	7
	2	3	4	5	6	7	8
	3	4	5	6	7	8	9
	4	5	6	7	8	9	10
	5	6	7	8	9	10	11
	6	7	8	9	10	11	12

　この表から、**3**となるのは2通り、**6**となるのは5通り、**9**となるのは4通り、**12**となるのは1通りで、合計すると12通りだとわかります。

$$\frac{12通り}{36通り} = \frac{1}{3} \text{です。}$$

よって、確率は

　このときに大切なことは、ここで求めた確率というのは、2個のサイコロの目の和が、

　　3である確率
　　6である確率
　　9である確率
　　12である確率

の合計になっているということです。すなわち、

$$\frac{2}{36} + \frac{5}{36} + \frac{4}{36} + \frac{1}{36} = \frac{12}{36}$$

というわけです。

　1つの試行で起こりうるいくつかの事象のうち、同時に起こることがない2つの事象 A と B があるとして、「A または B」

が起こる確率はＡの確率とＢの確率をたし算すればいい
のです。

　このことを確率の**和の法則**といいます。

　たとえば、ある日の天気の予想確率が次のようだったとし
ます。

晴れ　20%

曇り　30%

雨　　40%

雪　　10%

　このとき「雨か雪の確率は？」と聞かれたら、**40%+10%
=50%**というわけです。半々の確率で傘が必要だというわ
けですね。

　日常生活でもよく使う考え方なので、ぜひ頭に入れてお
いていただければと思います。

hint!
45

確率の「積の法則」

> 「どこかで傘を忘れる確率」は「どこにも傘を忘れない
> 確率」を計算すればよい

> Aさんは傘を持って建物に入るたびに、$\frac{1}{2}$の確率でその傘を忘れるものとします。傘を持って家を出たAさんが「学校」→「病院」→「図書館」と3ヵ所に順番に立ち寄ったとき、傘をどこかに忘れてくる確率はいくらでしょう?

　建物に入るたびに$\frac{1}{2}$の確率で傘を忘れるなんて、Aさんはなんと忘れん坊なんでしょう!

　でも、実際にはそういうことはよくあります。行きは雨が降っていたのに、帰りは晴れたりすると、とたんに傘の忘れ物が増えるらしいですから。

　ましてや複数の建物に寄るということは、傘を忘れる確率がさらに高くなるということです。
　傘を忘れる確率が増えるということは、傘が手元にある確率が減ることと同じです。

この手の問題を考えるときに、よくやるまちがいがあります。
Aさんは建物に入るたびに$\frac{1}{2}$の確率で傘を忘れるのだから、3つの建物に入ったら、

$$\frac{1}{2} + \frac{1}{2} + \frac{1}{2} = \frac{3}{2} \text{ (!?)}$$

というものです。

　ちょっと考えればわかると思いますが、確率が1を超えることはありませんので、これは明らかなまちがいです。

　では、正しくはどのように考えたらいいのでしょうか？

　まず、基本に戻って、起こりうるすべての事象を書き出してみましょう。**樹形図**を書いてみるとこうなります。

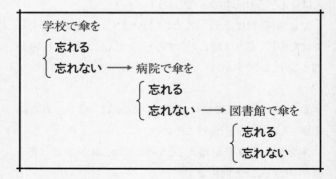

つまり、次の4つのパターンがあるわけです。

❶学校で傘を忘れる
❷学校で傘を忘れないが次の病院で忘れる
❸学校でも病院でも傘を忘れないが、次の図書館で忘れる
❹学校でも病院でも図書館でも傘を忘れない

このとき、重要な法則があります。

●ある試行において事象Aが起こり、さらに別の試行で事象
**　Bが起こる確率は、事象Aが起こる確率と事象Bが起こる**
**　確率の積になる**

これを確率の<u>積の法則</u>といいます。

たとえば、サイコロを1個、コインを1枚投げるときに、サイコロの「1」の目が出て、コインが「表」になる確率は、次のようになります。

「サイコロの1の目が出る確率」×「コインが表になる確率」

$$= \frac{1}{6} \times \frac{1}{2}$$

$$= \frac{1}{12}$$

いくつものことが同時に起こる確率というのは、かけ算を
どんどんすることで値が小さくなるわけですね。

　この法則を使うと、Ａさんが学校で傘を忘れず、病院で
も傘を忘れず、さらに図書館でも傘を忘れない確率を計算
し、それを1から引けば冒頭の問題の答えが出ます。

●Ａさんが学校でも病院でも図書館でも、傘を忘れない確率

$$\frac{1}{2} \times \frac{1}{2} \times \frac{1}{2} = \frac{1}{8}$$

●どこかで傘を忘れる確率

$$1 - \frac{1}{8} = \frac{7}{8}$$

求める答えは $\frac{7}{8}$ ということになります。

　確率の問題では、<mark>積の法則と和の法則を混同しない</mark>よう
に注意することが大切です。

●同じ試行において、同時に起こりえない別の事象のいずれ
　かが起こる確率は「和の法則」

●異なる試行において、2つの事象がともに起こる確率は「積

の法則」

これを忘れないでください。

　実は、確率を初めて学習する学生は、ここでつまずくことが多いのです。

「条件付き確率」の
考え方

むずかしそうな問題も、図にして考えるとわかりやすい

> Aさんは傘を持って建物に入るたびに、$\frac{1}{2}$ の確率でその傘を忘れるものとします。傘を持って家を出たAさんが「学校」→「病院」→「図書館」と3ヵ所に順番に立ち寄ったとき、傘が手元にありませんでした。傘を学校に忘れてきた確率はいくらでしょう?

これは前項の問題と途中までは同じですね。でも、過去のことを推測する確率というのはあまり耳慣れないかもしれません。

問題のように、最初に考えられたすべての事象のうち、実際には起こらなかった事象を排除して、残りの部分だけで考える確率を**条件付き確率**と呼びます。

もう一度、Aさんが家を出る時点で考えられたすべての事象を羅列してみましょう。

さらに、そこに起こりうる確率を書きこんでみましょう。

学校で傘を
$\left\{\begin{array}{l} \textbf{忘れる}\left(\frac{1}{2}\right) \\ \textbf{忘れない} \longrightarrow 病院で傘を \end{array}\right.$

$\left\{\begin{array}{l} \textbf{忘れる}\left(\frac{1}{2}\times\frac{1}{2}=\frac{1}{4}\right) \\ \textbf{忘れない} \longrightarrow 図書館で傘を \end{array}\right.$

$\left\{\begin{array}{l} \textbf{忘れる}\left(\frac{1}{2}\times\frac{1}{2}\times\frac{1}{2}=\frac{1}{8}\right) \\ \textbf{忘れない}\left(\frac{1}{2}\times\frac{1}{2}\times\frac{1}{2}=\frac{1}{8}\right) \end{array}\right.$

つまり、次のようになります。

■**学校で傘を忘れる**…$\dfrac{1}{2}$

□**学校で傘を忘れないが次の病院で忘れる**…$\dfrac{1}{4}$

●**学校でも病院でも傘を忘れないが、次の図書館で忘れる**…$\dfrac{1}{8}$

★**学校でも病院でも図書館でも傘を忘れない**…$\dfrac{1}{8}$

これらを四角形の面積で表現すると次のようになります。

■学校で傘を忘れる $\left(\frac{1}{2}\right)$	□病院で傘を忘れる $\left(\frac{1}{4}\right)$
	●図書館で傘を忘れる $\left(\frac{1}{8}\right)$
	★傘を忘れない $\left(\frac{1}{8}\right)$

　このうち、家に帰ってきたとき傘がなかったわけですから、「学校でも病院でも図書館でも傘を忘れない（★）」は除外されます。よって、次の3つについて考えればよいことになります。

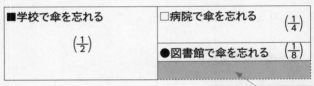

ここは考えなくてよい

　この中で「学校で傘を忘れる（■）」が占める割合はいくらか？　という問題なのです。これは、面積 $\frac{7}{8}$ のうち $\frac{1}{2}$ がどれぐらいの比率なのか、を考えればよいのです。

> よって、求める確率は
> $$\frac{1}{2} \div \frac{7}{8} = \frac{4}{7}$$

　つまり、半分以上の確率でAさんは学校に傘を忘れてき

たと考えられるのです。

　このように**条件付き確率**の概念を知っておくと、今まで考えもしなかったような確率がわかるようになります。

確率では、ざっくりと
考えることも重要

母体数が大きいくじなどの確率は、ざっくり計算して
も大きな差は出ない

❶ハズレくじ3枚と当たりくじ2枚、合計5枚の入ったス
ピードくじがあるとします。ここから2枚引いて、1枚
でも当たる確率はおよそいくらでしょう?

❷ハズレくじ300枚と当たりくじ200枚、合計500枚の
入ったスピードくじがあるとします。ここから2枚引い
て、1枚でも当たる確率はおよそいくらでしょう?

くじの枚数以外はまったく同じ2つの問題ですが、あなた
はさっと確率を計算できるでしょうか?

❶の場合、まずは起こりうるすべての事象の場合の数を
考えます。5枚から2枚引くわけですから、

$$_5C_2 = \frac{5 \times 4}{2 \times 1} = 10$$

で10通りです。これらはすべて「**同様に確からしい**」ことに注意しましょう。

そのうち、すべてがハズレなのは、ハズレくじ3枚から2枚引いた場合ですので、

$$_3C_2=\frac{3\times2}{2\times1}=3$$

となり3通りです。

よって、2枚ともハズレの確率は$\frac{3}{10}$ということがわかりますので、1枚でも当たる確率は、

$$1-\frac{3}{10}=\frac{7}{10}$$

となります。

言いかえると、70%の確率で1枚は当たる、というわけです。

❶の場合、1枚目を引いたときに当たるかハズレるかで、2枚目の当たりハズレの確率が変わってきます。

1枚目がハズレとなる確率は、

5枚中3枚あるハズレくじを引く確率ですから $\dfrac{3}{5}$

となります。

しかし、2枚目までハズレとなる確率は、

残った4枚中2枚のハズレくじを引く確率ですから $\dfrac{2}{4}$

となるのです。

ですから、この場合は2枚を引いたときのすべての場合で確率を考えないといけません。

ところが❷になると、少し話が変わります。

というのも、合計でくじが500枚もあるので、1枚目を引いたあとでハズレが1枚ぐらい増えたり減ったりしても、2枚目がハズレとなる確率は、そんなに変わらないというわけです。

ということは、もともと500枚中ハズレが300枚なので、1枚引いたときにハズレとなる確率は、

$$\dfrac{300}{500} = \dfrac{3}{5}$$

であり、2枚目もハズレくじとなる確率は、ざっくりとその2乗でいいと考えることができます。

$$\left(\frac{3}{5}\right)^2 = \frac{9}{25}$$

したがって、1枚でも当たる確率は、

$$1 - \frac{9}{25} = \frac{16}{25}$$

となります。

言いかえると、64％の確率で当たる、というわけです。

ちなみに正確に計算すると、2枚ともハズレくじとなる確率は、

$$\frac{300}{500} \times \frac{299}{499} = \frac{897}{2495} \fallingdotseq 0.3595$$

となりますから、1枚でも当たる確率は、次のようになります。

1−0.3595=0.6405

先ほどざっくりと計算した、64％の確率で当たるというのは、ほぼ正しいことがわかります。

この考え方は、母体数が大きいくじ、たとえば宝くじや馬券などを複数購入したときの当たりハズレでよく使われるものです。簡単にいうと「1枚や2枚当たろうが当たるまいが、次のくじにはほとんど影響しないと考えてよい」ということです。

　実生活で使う機会があれば、ぜひ挑戦してみてください。

割り切る気持ちも必要？

たとえばAさんとBさんがじゃんけんをして、Aさんが勝つ確率、Bさんが勝つ確率、あいこになる確率は $\frac{1}{3}$ ずつだと、はたして本当にいい切ることができるでしょうか？

たとえばAさんはグーを出す前に咳ばらいをするクセがあったとして、それをBさんに見抜かれているかもしれません。あるいは行動心理学的にどんな人も最初にグーを出す確率が若干高いことも考えられます。そうなると、あいこになるのは $\frac{1}{3}$ よりもずっと高い確率だって考えられるわけです。

そうなってくると、今度は「Aさんが勝つ確率、Bさんが勝つ確率、あいこになる確率は $\frac{1}{3}$ ずつ」であることを証明する必要が出てきます。このときに使われるのが「統計的手法」、すなわち「統計学」です。

まずはAさんとBさんに何度も何度もじゃんけんをしてもらう必要があります。たとえば3000回じゃんけんをしたとしましょう。Aさんが勝った回数、Bさんが勝った回数、あいこになった回数が1000回ずつなら、まあそれぞれ $\frac{1}{3}$ だということができそうですが、残念ながら現実はそううまくはいきません。たとえばAさんが勝った回数が800回、Bさんが勝った

回数が800回、あいこになった回数が1400回だったとしたら、「Aさんが勝つ確率、Bさんが勝つ確率、あいこになる確率は $\frac{1}{3}$ ずつだ」とはとてもいえないでしょう。

　では、何回ずつならそれぞれの確率が $\frac{1}{3}$ だといえて、何回ぐらいを上回ったり下回ったりしたらそれぞれの確率が $\frac{1}{3}$ ずつじゃないといえるのでしょうか。

　それを判定するために「統計学」の中の一分野である「検定」という手法が使われます。「検定」というのはアンケートをとるときなどに非常に有効で、論文などでもしょっちゅう出てくる大切な手段です。

　「検定」はとくに、あることと別のことに関連性があるのか、ないのかを判定するときによく使われます。たとえば教育学などで「授業前にある行為をするようにしたら、学生の学力が伸びた」と仮に結論づけるときなどは「検定」の力を借りるわけです。そういう意味では「魔術」のようでさえあります。

　ただし、結局は「検定」もしょせん「○○と考えてよい」という感じで、若干お茶を濁した表現でしかものをいえません。

レアケースとして「検定」で出てきた結論がまちがっている可能性もほんの少し残っているからです。そう考えると、結局は最初のじゃんけんにしても、論文で使われる「検定」にしても、仮定として「○○と考える」という、割り切りが必要だったりするのです。奥が深いというか（別のいい方をすると胡散臭いというか……笑）、数学の中でもこの分野ほど割り切れない気持ちになる分野はほかにはないのも事実です。

第 7 章

概算力を鍛えよう

日常生活で
役に立つ「概算力」

概算にも「グループ化」と「まんじゅうカウント」を活用する

---

❶ 98+146+73+123+309≒?

❷ 651+345+230+783+532≒?

「概算」というと、みなさんはどんな計算を思い出しますか?

小学校で学習する「概算」は、ちゃんと計算をして、最後の答えを四捨五入する、というものでしたね。それも悪くはないのですが、正直、あまり効率的ではありません。

というのも、結局は切り捨てられたり切り上げられたりする細かい部分まで計算するわけですから、明らかに効率が悪いわけです。

「概算」というのは、せっかくの"ざっくり"とした計算なんですから、前もって計算する数字をざっくりと丸めておいて、あまり頭を使わずに、そこそこ正しい値を出せばよいのでは

ないでしょうか。

　たとえば、スーパーマーケットで買い物かごの中の商品の合計金額を、さっと目分量で計算できたらラクですよね。このような、日常生活のさまざまな場面で便利なのが<mark>概算力</mark>なのです。そして、概算するときにも、これまで紹介してきた<mark>グループ化</mark>と<mark>まんじゅうカウント</mark>がとても役に立ちます。

　では、❶を見てください。

　たし算する数字を眺めると、**100**をまんじゅう1個と考えて**まんじゅうカウント**を使うのがよさそうです。

　ただし、**146**はまんじゅう1個（**100**）とカウントしてしまうと誤差が大きいので、まんじゅう1.5個、**73**と**123**は合わせて**200**ぐらいなので、ここは**グループ化**を使ってまんじゅう2個と考えると、簡単に答えが出ます。

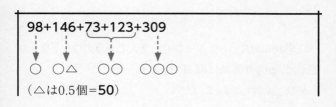

≒750（○が7個と△1個なので）

　ちなみに、正確に計算すると答えは**749**になりますから、かなり近い数値になっていますね。

❷もやってみましょう。

　こちらはケタが大きいので、**1000**をまんじゅう1個と考えます。

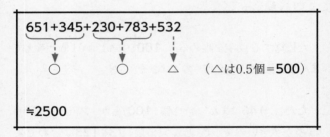

651+345+230+783+532

○　　　　　○　　　　　△　　　　（△は0.5個＝500）

≒2500

　これも正確に計算すると**2541**ですから、"ざっくり"とどれくらいになるか知りたいという場合なら、十分ではないでしょうか。

　いずれにしても、**グループ化**と**まんじゅうカウント**をうまく使えば、かなり簡単に概算できます。

　ぜひ、練習してみてください。

hint! 49

スーパーで
「まんじゅうカウント」

買い物の合計金額を概算で計算する

❶ 牛乳　　　　198円　　パン　　　　　　120円
ヨーグルト　158円　　カットフルーツ　220円
雑誌　　　　390円
合計でおよそいくらでしょう？

❷ コーヒー　　　580円　×2袋
ピーナッツ缶 398円　×2缶
チーズ　　　　298円
紅茶　　　　　348円
合計でおよそいくらでしょう？

　たし算の概算を**グループ化**と**まんじゅうカウント**で行なう
コツがわかったら、早速、買い物に出かけましょう！　買い
物かごに入っている商品を1つひとつ見ながら、まんじゅう
に置きかえてカウントしていくのがコツです。

❶の場合、値札をいちいち見ていってもいいのですが、おおよその値段は商品ごとに覚えているのではないでしょうか。そこで、かごの中を見ながら、100円＝まんじゅう1個として数えていきましょう。

牛乳	およそ200円	○○（まんじゅう2個）
パン	およそ100円	○（まんじゅう1個）
ヨーグルト	およそ200円	○○（まんじゅう2個）
カットフルーツ	およそ200円	○○（まんじゅう2個）
雑誌	およそ400円	○○○○（まんじゅう4個）

　こんなふうに頭の中でまんじゅうに置きかえて、数えていくようにします。

まんじゅうは全部で11個→**およそ1100円**

　正確に計算すると**1086円**ですから、かなり近いですね。この概算ができれば、財布の中に1200〜1300円くらいあれば、安心して買い物ができるでしょう。

　❷もやってみましょう。

　これも100円をまんじゅう1個として数えてもいいですし、たまたまコーヒーとピーナツ缶が2個ずつあるので、まずは1個ずつで計算をして、それをあとで2倍すれば速そうです。

{コーヒー（およそ600円）＋ピーナッツ（およそ400円）}
×2≒2000円

チーズ　　298円　　○○○（まんじゅう3個）
紅茶　　　348円　　○○○△（まんじゅう3.5個）

よって
2000円＋まんじゅう6.5個
＝2000円＋650円
＝2650円 ◀── 概算の答え

　これも正しくは**2602円**ですから、だいたいの合計額が概算で簡単にわかったわけです。

　私たちの生活の中では、必ずしも1円単位まで正確に計算しなくても、だいたいの金額がわかれば十分というケースは多いものです。
　概算力を身につけておくと、とても便利ですよ。

値段の差が
大きい買い物の概算

高価なものと安価なものに分けて計算する

ミニパソコン	55800円
マウス	500円
保証	1000円
テレビ	77800円
テレビ台	8800円
画面クリーナ	390円
合計でおよそいくらでしょう？	

たとえば電気屋さんでは、テレビとかパソコンとか冷蔵庫とか、大きいものを買うと同時に、乾電池とか電球とか安価なものも購入したりします。

こんなときの合計金額を考えると、意外と目がクラクラするものです。

というのも、値段が高いものと安いものとの差が大きすぎて、たし算をしようと思ってもケタをそろえるのが大変だからです。

　こういうときは、高価なものの誤差の部分に、安価なものの値段がすっぽりと入ってしまうことが多いのです。

　問題の例では、まず高価なものと安価なものに分けてみましょう。

■高価なもの

　ミニパソコン　　55800円

　テレビ　　　　　77800円

　テレビ台　　　　8800円

■安価なもの

　マウス　　　　　　500円

　保証　　　　　　1000円

　画面クリーナ　　　390円

　このうち、先に安価なほうを概算するとおよそ2000円です。ということは、テレビの77800円を78000円と考えて**グループ化**すると、80000円と考えていいわけです。

　つまり、80000円に残りの商品の合計額を足せば、この買い物の概算が出てきます。

```
テレビ              77800円
マウス               500円
保証               1000円
画面クリーナ          390円    ここまでで80000円


ミニパソコン        55800円    およそ56000円
テレビ台            8800円    およそ9000円
よって
80000円+56000円+9000円
=145000円  ◄┈┈┈  概算の答え
```

　ちなみに、正確に計算すると144290円になりますが、合計で145000円くらいだとわかれば十分でしょう。

　こういう計算がさっとできたら、ここで14万円に負けてもらうよう交渉することもできますね。あるいは「1万円のメモリを追加で買うから15万円になりませんか」と交渉しますか？

概算をラクにする「小数→分数」の変換

ある小数の近似値となる分数を覚えておけば、概算力はかなりアップする

---

❶ 360×1.34≒?

❷ 210×0.86≒?

ある商品の「○割増」「○割引」というのはよくある計算ですが、場合によっては中途半端な割増計算をしないといけないこともあります。

たとえば❶の場合、**360×1.34**を言いかえると「360円の34%増しはいくらか?」という計算です。こういう計算を電卓なしでパッとできたらすごいですね。

もちろん正確な答えはかなり中途半端な数字になるのでしょうが、概算でいいのであれば、小数の部分に気をつけてやれば意外とさっと出てきます。

ここで着目したいのは「0.34は$\frac{1}{3}$（=0.33333…）とかなり近い数字」だということです。

　ですから、概算でいいのなら、1.34≒1+$\frac{1}{3}$=$\frac{4}{3}$と考えればいいことになります。

360×1.34
≒360×$\frac{4}{3}$
=360÷3×4
=120×4
=480 ◀── 概算の答え

　このように「小数→分数」変換によって近い数値になる場合は、そのことに気がつけば簡単に概算できます。

　❷のほうもやってみましょう。

　0.86ということは1−0.14ですね。実は0.14という小数も、$\frac{1}{7}$にかなり近いということを知っておくと、概算がぐっとラクになります。

0.86

$= 1 - 0.14$

$\fallingdotseq 1 - \dfrac{1}{7}$

$= \dfrac{6}{7}$

これを使って、次のように概算します。

210×0.86

$\fallingdotseq 210 \times \dfrac{6}{7}$

$= 210 \div 7 \times 6$

$= 30 \times 6$

$= 180$ ◀——— 概算の答え

かけ算なので多少の誤差も出てきますが、計算スピードを考えると、こんなに簡単な概算はありません。

　普段から小数と分数の概算の関係についてよく知っておくと、役に立つことが多いでしょう。

焼き鳥屋さんでの強い味方 ——「焼き鳥屋カウント」

バラバラの値段の中から「平均の値段」を見抜くのがコツ

---

❶ 焼き鳥屋さんで

ねぎま（1本120円）　5本

砂ぎも（1本150円）　3本

ハツ（1本150円）　2本

レバー（1本150円）　2本

コーチン（1本200円）2本

合計でおよそいくらでしょう？

❷ 回転寿司で

150円の皿　3皿

250円の皿　5皿

350円の皿　2皿

合計でおよそいくらでしょう？

焼き鳥屋さんとか回転寿司とか、値段が微妙にちがうものを複数注文するようなお店って、けっこうありませんか？

　もし、こういうお店で後輩たち数人におごったりするときは、合計でいくらになるのか気になるものです。

　こんなときに重宝するのが**焼き鳥屋カウント**という概算の方法です。

　簡単にいうと、焼き鳥屋に入ったら、まず注文する前にメニューをよく見て、だいたい1本の串が平均でいくらぐらいなのかをさっと見抜くのです。

　それぞれに値段のちがいはあっても、おおまかな平均的な値段で計算する、という考え方です。

　それでは❶を計算してみましょう。

　お店で一番安い串が120円、ちょっと高いものは150円、さらに高級なものは200円とか300円だとしましょう。こんなときは思い切って、1本の串が150円平均だと考えるのです。

1本150円の串が5+3+2+2+2=14本

よって

150円×14本

=2100円 ◄────── 概算の答え

---

❶の場合、「2000円をオーバーするぐらいかな？」と考えられるのです。実際に計算してみると2050円となり、だいたい合っています。

　これなら簡単でしょ？

　ポイントは、**不均一な値段を、ある程度均一だと仮定してしまって計算する**ところにあります。この手を使えば、ざっくりではあるものの、かなり支払金額をすばやく知ることができて、とても便利です。

　同じように❷も概算してみましょう。

　皿の値段は150円、250円、350円の3種類。そこで、ざっくりと真ん中の250円の皿ばかり食べたことにすればいいわけです。

250円の皿が3+5+2=10皿
よって
250円×10皿
=2500円 ◀─── 概算の答え

　この場合も実際の金額は2400円ですから、そんなに遠くありませんね。

　ぜひ、焼き鳥屋さんや回転寿司で、この方法を試してみてください。

割り勘は、ざっくりと 「どんぶり勘定」で

「どんぶり勘定」で集めて、残りは状況に応じて考えよう

❶ 5人で合計額が23800円、どう割り勘しましょう?
❷ 7人で合計額が32500円、どう割り勘しましょう?

　飲み会の幹事をしたり、みんなでプレゼントを買ったり——"割り勘"の機会というのは意外と多いものです。こんなときに電卓がなくても、さっと概算できると便利ですよね。

　hint! 23でも取りあげましたが、実は、割り勘というのは、ざっくりと計算ができる分、意外と簡単なものです。もっというと、全員が同じ金額を払わないといけないという発想から解放されるだけで、かなり計算が簡単になるのです。
　つまりどんぶり勘定でいいのです。

　❶の「5人で23800円」という場合、これを厳密に5人で割ろうとすると大変です。そこで、まずはどんぶり勘定で、23800円に近い5で割りやすい金額を考えましょう。

●1人4000円の支払い…合計20000円

●1人4500円の支払い…合計22500円

●1人5000円の支払い…合計25000円

ここで状況を考えます。たとえば、5人のうち少食の2人の支払金額を安くしてあげたいという場合は、次のように計算しましょう。

❶まず、1人5000円ずつ集金する（→25000円）

❷お店に23800円を支払う（→おつりは1200円）

❸おつりの1200円を少食の2人に還元する（600円ずつ
　返す）

よって、各人の支払額は

3人…各5000円　　　少食の2人…4400円

状況によっては、手間賃としておつりの1200円を幹事がもらってもいいでしょうし、次の2次会の足しにするという方法もありますね。

❷も同様です。

7人で32500円ですから、すぐに思いつくのは**5000円×**

7人で35000円を集める方法。

2500円のおつりが出ますが、とりあえず5000円ずつ集めて、あとで「おつりをどうするか」について考えればいいでしょう。

ともかく、みんなで割り勘にするなら、あまり細かい数字で悩まないことです。少しぐらいの端数には目をつぶって、楽しい飲み会にしたいものですね。

複雑なかけ算の概算は「プラスマイナス方式」で

かけ算する一方の数を切り上げたら、もう一方の数は切り下げる

❶ 363×313≒?
❷ 45.6×13.8≒?

　面倒な数字の計算をざっくりとしたい場合があります。こんなときに、学校ではこんなふうに習いました。「四捨五入をしてから計算するとラクですよ」と。

　ですが、かけ算する数を両方とも切り捨てたり、逆に両方とも切り上げたりすると、実際に計算した値より誤差が大きくなってしまう可能性があります。

　そこで、かけ算の概算には**プラスマイナス方式**がおすすめです。一方の数を切り捨てるなら、もう一方の数は切り上げて計算するのです。

たとえば❶の363×313を見ると、なんとなく両方ともキリのいいところまで切り捨てて350×300としたくなりますが、両方とも13ずつ切り下げることになるので、思ったよりも誤差が大きくなってしまいます。

こんなときは、313は300に切り下げて、逆に363のほうを370に切り上げると、うまくいきます。

363×313
≒370×300
=111000

本来の計算結果（363×313=113619）にかなり近いことがわかりますね。

では、❷はどうでしょう？

これも四捨五入でやってしまうと、46×14を計算することになります。

45.6×13.8
≒46×14

```
=(30+16)×(30−16)  ◀──  ここで「和差積」を使う
=900−256
=644
```

　これを**プラスマイナス方式**で、**45.6**を切り下げ、**13.8**を切り上げして**45×14**とするほうが、本当の値に近い結果が出てきます。

```
45.6×13.8
≒45×14
=45×(2×7)  ◀──  ここで「2バイ5バイ方式」を使う
=90×7
=630
```

　実際の計算結果が**629.28**ですから、四捨五入する方法では誤差が大きくなってしまうことが、わかっていただけたのではないでしょうか。

　ともかく「一方を切り上げたら、もう一方を切り下げる」が**プラスマイナス方式**の鉄則です。

「円周率＝$\frac{22}{7}$」で、より速く、より正確に

「$\frac{22}{7}$」は「3.14」よりもかけ算しやすい上に正確である

❶ 直径7mの池の周りは？m

❷ 半径14cmの円の面積は？cm²

円周率＝3.14というのは定番です。ですが、前にも述べたように小数は、あまりかけ算と相性がよくありません。

たしかに円周率の本当の値（3.14159265358979…）を四捨五入するとそうなります。しかし、円周率は実際にはかけ算で使うことがほとんどなので、計算の効率という意味でもあまりいい数字とはいえないのです。

そこで、円周率の概念をくつがえす"魔法の値"を紹介しましょう。それは、

円周率π＝$\frac{22}{7}$

という分数です。

この値のメリットとして、次の2点をあげることができます。

■分数なのでかけ算・わり算が容易

とくに7の倍数の場合、分母の7と約分ができるので便利です。

■3.14よりも正確

$\dfrac{22}{7}$=3.1428571428571428571428571428571…

なので、実際のπの値（3.14159265358979…）との誤差は0.0013ほど。ほんの少しですが、0.0015926535…をばっさり切り下げている3.14よりも正確なのです。

このことを知った上で、❶を計算してみましょう（円周＝直径×円周率）。

$7\times\dfrac{22}{7}$

$=22$（m）

すぐに22mと答えが出てきました。

❷なら、円の面積＝半径×半径×円周率ですから、次のようになります。

$$14 \times 14 \times \frac{22}{7}$$

$$= 14 \times 2 \times 22$$

$$= 28 \times 22 \quad \longleftarrow \boxed{\text{「十等一和」を使う}}$$

$$= 616 \, (\text{cm}^2)$$

円周率 $= \dfrac{22}{7}$。ぜひ覚えてください。

2の累乗の概算

「$2^{10} \fallingdotseq 1000$」を知っていれば簡単に計算できる

---

❶ $2^{24} \fallingdotseq$?

❷ $4^9 \fallingdotseq$?

2を何回かかけ算するということも、意外とよく行なう計算の1つです。たとえば、

「2択問題が24問あるときに、何も考えずに1つずつ答えを選んだとして、偶然に全問正解する確率はどれぐらいでしょう?」

とか、あるいは、

「1時間で数が2倍に増えるバクテリアがあって、1日ではおよそ何倍になるでしょう?」

といった計算をする場合です。

こういう問題を概算しようというときには2^{24}をざっくりと計算する必要があります。

実は2の累乗を概算するときに、とても便利な次のような式があります。

$2^{10}=1024$

これは、2を10回かけ算したらおよそ1000になるということです。このことを知っていると、❶はすぐに概算できるかもしれません。

2^{24}
$=(2^{10})\times(2^{10})\times(2^4)$
$≒1000\times1000\times16$
$=16000000$

つまり、24問の2択問題に偶然で全問正解する確率は**約1600万分の1**だということができますし、1時間で2倍に増えるバクテリアは、単純計算で1日で**約1600万倍**に増えるということになります。

このことを応用すると、❷も簡単にできます。4というのは

2×2ですので、

$$4^9$$
$$=(2×2)^9$$
$$=2^{18}$$

ということになります。$2^8=256$を覚えていると、次のように概算できるでしょう。

$$4^9$$
$$=2^{18}$$
$$=(2^{10})×(2^8)$$
$$≒1000×256$$
$$=256000$$

つまり、1日で4倍に増えるバクテリアは、9日間で**約25万倍**に増えるというわけです。

こんなすごい計算が概算でさっとできたら便利ですよね。

√(ルート)の概算

近い数の2乗をもとに簡単に予想できる

❶ $\sqrt{50} ≒ ?$
❷ $\sqrt{38} ≒ ?$

　√(ルート)の計算というのは、中学校で出てくるので、計算も多少複雑であり、苦手意識を持っている人も多いようです。

　ですが、実は単純に考えると簡単なものです。

　❶の$\sqrt{50}$を求める場合、学校では次のような計算を習います。

$$\sqrt{50}$$
$$=\sqrt{5×5×2}$$
$$=5\sqrt{2}$$

ここで、$\sqrt{2}$の値を知っていれば、それを代入して計算す

ればいいわけです。

$\sqrt{2}$=1.41421356なので、これを代入して、

$\sqrt{50}$
=5×1.41421356…
≒7.07

というわけです。

でも$\sqrt{}$というのは、もともと2乗したら中身の数になるという数なので、少しずつ探してみたら、だいたいわかるものです。

> 7×7=49であることから、$\sqrt{50}$は7より少し多いぐらいなので、7.1ぐらいかな、と予想がつくわけです。

だいたいの値でよければ、こういうふうに考えるとさっと値が出てきます。

❷の$\sqrt{38}$も同じです。

> 6×6=36なので、6を少し超えたぐらいなわけですが、38は36より2大きいので、6.2ぐらいかな、と予想がつきます。

　実際の値は、電卓を叩くと $\sqrt{38}=6.1644\cdots$ と出てくるので、**6.2**というのはまあまあの線で当たっているわけです。

　苦手意識を持っている人が多いルートの計算で、さっと値をいえたら意外と便利かもしれませんね。

定期預金の利子を
概算する方法

とても複雑な計算だが、公式を覚えれば簡単に計算で
きる

> 年利3%の複利で利子がつく定期預金に、毎年20万円
> ずつ積み立てていくことにします。10年後にはいくらに
> なっているでしょう?

　定期預金とか貯蓄型の生命保険とか、毎年少しずつお
金を積み立てていくタイプの金融商品は、世の中に多いも
のです。

　最近ではパソコンという便利なものがあるので、表計算
ソフトを使うとそこそこ簡単に計算できるものですが、そうい
つもいつもパソコンを持ち歩くわけにもいきませんし、さっと
計算できるといいですよね。

　そもそも複利計算の面倒なところというのは、何度も同じ
数をかけ算しないといけない点にあります。

　20万円の預金に年3%の利子がつくと、

20万円×0.03=6000円

となりますが、次の年はこの6000円にも利子がつくので、新しく積み立てた20万円も合わせて計算することになります。

40万6000円×0.03=1万2180円

つまり、2年目には1万2180円の利子がつきます。

もちろん、その次の年はもっと複雑な金額になっていることでしょう。「10年後にいくらになっているか」なんて想像もつきません。

でも、実はうまく計算すれば、手計算でもさっと10年後の金額（元本と利子の合計）を計算することができます。

元本をF円、年利をr（年利2%ならr=0.02）として、n年後にいくらになるのかという計算には、次の公式が使えます。

n年後の金額(S)≒F×n×{1+$\dfrac{(n+1)×r}{2}$}

少し目がクラクラする数式ですが、これを使うと便利です。問題の例なら、次のようになります。

$$S \fallingdotseq 20万円 \times 10年 \times \{ 1 + \frac{11 \times 0.03}{2} \}$$
$$= 20万 \times 10 \times 1.165$$
$$= 233万円$$

　すなわち、10年後にはおよそ233万円となるわけです。毎年積み立てる元本の合計が200万円ですから、およそ30万円の利子がつくことになりますね。

　毎年100万円ずつ20年積み立てて、年利が3.5%ならば、次の通りです。

$$S \fallingdotseq 100万円 \times 20年 \times \{ 1 + \frac{21 \times 0.035}{2} \}$$
$$= 100万 \times 20 \times 1.3675$$
$$= 2735万円$$

　これまで紹介してきた概算の方法とくらべると複雑な計算ですが、公式を覚えてしまえば簡単に計算できるはずです。

日付から曜日を当てる方法

　友人と会話をしていると「来月〇日に△△のイベントがあるけど、行く?」というような話になることがあります。そのときに「来月〇日って何曜日?」となることは多いのではないでしょうか?

　同じ月なら、たとえば22日が火曜日だとすると、その数字に7を足したり引いたりして出てきた日はすべて火曜日です。すなわち、15日も8日も1日も、あるいは29日もすべて火曜日です。それを基準に数えていけば、たいした計算も必要なく曜日がわかりますね。

　たとえば18日は何曜日かというと、15日が火曜日なのですから、水・木・金と数えて金曜日だとすぐにわかりますね。あるいは27日は29日から2つ戻って日曜日だとわかります。

　もし今が2月なら、閏年でなければ、3月の曜日のパターンは2月と同じです。というのも、2月は28日までで7で割り切れるため、曜日のズレが発生しないのです。すなわち、2月22日が火曜日なら、3月22日も火曜日だというわけです。

　それ以外の月、たとえば3月15日が火曜日だとすると、3月は31日あるので、3月から4月に切り替わる際に3つの曜日のズレ(プラス)が発生します。ですから、4月15日は火曜日から3つ進んで金曜日だというわけです。

　要するに、月が変わるたびに曜日のズレが発生するわけですが、31日の月が終わるときには曜日のズレは3つ、30日の

月の場合は2つです。

では、3月15日が火曜日だとして、6月15日は何曜日でしょう?

3月は31日、4月は30日、5月は31日、合計3+2+3=8つのズレがあるので、7で割った余りは1、すなわち曜日が1つだけズレることになります。よって、6月15日は水曜日になります。

計算力は人生力？

　計算が速くなったからといって、実際には電卓やパソコンがあるから関係ないと思ってらっしゃる方は多いのではないでしょうか？　正直、そういう声を学生や保護者の方から耳にすることがあります。

　「数字の計算結果を出す」という意味ではそうかもしれませんが、実は計算力を強くすることで、もっと大きな力がつきます。それは、まさに「仕事力」であり、もっと大げさにいうと「人生力」だったりします。

　ある目的に向かって、最短かつ正確な道を一瞬の判断で選び抜くこと……それが本書の計算力のメインテーマですが、そのために必要な基礎力というのは、状況判断力であり、行動力であり、決断力であり、そして情報収集力であるからです。

　これらは、まさに仕事や人生の大切な局面で、もっとも必要とされる基本的な力だといえるのではないでしょうか。

　1つの例として、大学入試の出願校の選定について考えてみましょう。現在の日本では、まず秋〜冬に推薦入試やAO入試があり、1月半ばに共通テストがあり、2月ぐらいから私大の入試が毎日のように行なわれ、そして2月末と3月半ば頃に国公立大学の二次試験（前期・後期）が行なわれます。

　成績が非常によかったり、逆に悪かったりすると、出願の仕

方はある意味単純な作業です。というのも、選択肢がある程度限られてくるので、自分の気持ちの問題になってきたりするからです。

　問題は、そこそこ成績がよい学生の場合。行きたい大学は自分の成績では少しむずかしいけれど、浪人をするのもイヤだ、お金もばかにならない、どうすればいいのだろう、という相談です。とくに最近は、入試の種類も増え、国公立志望だとしても前期・後期の2回のチャンスがある分、出願パターンは多岐に及ぶのです。

　こういうときに、計算力が非常に重要になります。人生を決めるような大切な選択でまちがいをしないよう、ぜひ、普段から計算力を強くすることを心がけていただければと思います。

第**8**章

計算まちがいを防ぐコツ

hint!
59

よく使う計算は
覚えてしまう

**日常生活や仕事でよく出てくる計算結果は暗記して
おく**

　この章では、少しちがった角度から「計算」について考
えてみたいと思います。

　そもそも**計算まちがい**はどういうところから生まれるのか、
ということです。

　たとえば数学の先生のような計算の達人にとっても、計
算まちがいはつきものです。何を隠そう、私も高校生や大
学生相手の授業中に計算まちがいをしょっちゅうするので、
学生からはハラハラするとよくいわれます。

　計算まちがいというのは、程度の差こそあれ、誰でもして
しまうものなのです。

　では、計算の達人と普通の人のちがいは何かというと、
まず1つめは**「まちがえた計算結果が出たらオカシイと気づ
く確率が高い」**ということです。

　たとえば、問題の文章を読んで答えが偶数だと予想できるのに、計算結果が奇数になっていると計算まちがいだとわかる、ということです。

　そしてもう1つ、計算の達人は、「**よく出てくる計算の結果を覚えてしまっている**」という点です。

　某百貨店の地下に立ち食い寿司屋さんがあるのですが、そこは一皿270円で、たまに高いネタのものは一皿370円です。

　このお店では、店員さんがお皿の色を見て、さっと値段を答えてくれます。270円の倍数をすべて記憶していて、370円のお皿の分は100円を足して計算しているのです。

　たとえば270円の皿3枚、370円の皿1枚なら、**270円×4＝1080円**を覚えているので、それに**100円**を足して**1180円**というわけです。

　つまり、この店員さんは次のような計算結果を覚えてしまっているのです。

```
270×2=540
270×3=810
270×4=1080
```

270×5=1350
270×6=1620
　　　⋮

また、あるパン屋さんでは、すべてのパンが126円です。
このパン屋さんは126の倍数を全部暗記しているようで、
パンを数えただけで暗算で金額をいってくれます。

126×2=252
126×3=378
126×4=504
126×5=630
126×6=756
　　　⋮

というわけですね。

こんなふうに、よく使う"特別な計算"がある人は少なくな
いものです。これらをいちいち計算していると、計算まちが
いは増えるし、時間もかかります。
まずは、よく使う計算の結果を覚えてしまいましょう。

余計な計算をしない

計算式を見たら、順番を入れかえて効率よく計算できないか考える習慣をつけよう

　そもそも計算の達人といえるような人は、意外と計算をうまく避けているものです。計算をする機会をできるだけ減らすことが、計算まちがいに対する最大の防御です。

　つまり、**余計な計算をしない**ということです。

　これまで本書でも**グループ化**について何度か紹介しました。順番がどちらでもいいような計算の場合、より計算しやすい順番でやるほうが、計算量も少なくて時間がかからないだけでなく、余計な計算をしない分、計算まちがいも格段に減るのです。

　たとえば、次のような計算をあなたならどうしますか?

37×25×12=?

最初（左）から順番に計算すると面倒そうなので、先に**25×12**を計算するとよいでしょう。**4×25=100**であることに着目すれば、すぐに計算できます。

37×25×12
=37×25×(4×3)
=37×100×3=37×300
=11100

37×25を先にやるのよりもずっと速いですね。

もう1つ、こんな例もあげておきましょう。

294+491−653+356−481=?

これも、最初から計算していくのは、あまりいい考えではありません。おそらく珠算などではこういう計算式も最初から計算するのでしょうが、私たちはこの計算式を見たら、まず**グループ化**を考えましょう。

よく見ると、**491−481**はすぐにできますし、残りの3つも計算結果はかなり小さい数になることがわかります。

```
294+491−653+356−481
=(294+356−653)+(491−481)
=(650−653)+(491−481)
=−3+10
=7
```

　最初から順番に計算していくと、効率の悪いムダなたし算やひき算を繰り返すことになり、時間も労力もかかるだけではなく、計算まちがいをする機会が増えることになります。

　ともかく**計算式を見たら、順番を入れかえられないかを常に考え、効率よく計算する習慣をつけましょう**。

　実は、これは計算の話だけに限りません。
　仕事などでも、依頼された順番に処理していく人は、効率を考えた順番で処理していく人よりも、ミスが多いものです。
　仕事の内容によっては（たとえば商店のレジなど）順番に処理するしかないケースもありますが、少しでも効率のよい順番で処理をしようとする人のほうが、ミスも少ないのです。

　ぜひ、ムダな計算を避けるクセをつけてください。

「視覚化」で計算モレや
計算ミスを防ぐ

計算式に印をつけることで、見た目をすっきりさせよう

　計算まちがいというのは、視覚的に混乱していると起こります。

　たとえば次のような計算を、そのままたし算しようとすると、目がクラクラしてきませんか？

**2+2+2+3+2+2+2+3+2+3+3+2+2+2+2+3+3+2
+2+3+2+2+2+2+2+2=？**

　上の問題は極端な例ですので、実際にこんな問題が試験などで出ることはないのですが、計算まちがいは、このようにして起こるのだということがわかっていただけたのではないかと思います。

　では、こういう計算で、計算まちがいを防ぐにはどうすればいいでしょうか？

　それは、見まちがいを防ぐために"印"をつけることです。

これを**視覚化**と呼ぶことにします。

　上の問題を見ると、**2**と**3**が混じっているわけですから、**2**には○、**3**には**アンダーバー**（下線）を入れてみましょう。

　②＋②＋②＋<u>3</u>＋②＋②＋②＋<u>3</u>＋②＋<u>3</u>＋<u>3</u>＋②＋②＋②＋②＋<u>3</u>＋<u>3</u>＋②＋②＋<u>3</u>＋②＋②＋②＋②＋②＋②＋②＝？

　これでうまく**視覚化**されました。**2**が20個、**3**が7個というのがわかりやすいですね。

　これで合計は**2×20＋3×7＝61**ということがわかります。

　この**視覚化**は、高校や大学でも、いや社会に出てからもとても活躍します。

　たとえば**(x＋2y＋5)(3x－2y＋4)**という式を展開するときも、単に展開すると、

(x＋2y＋5)(3x－2y＋4)
$=3x^2-2xy+4x+6xy-4y^2+8y+15x-10y+20$

となり、目がクラクラしてきます。

こんなときは、さらに計算を進めていく際に、どんどん視覚化していきましょう。

　具体的には、次のような方法が考えられます。

　まず、展開した式の$3x^2$はそのままですから、新たな行に$3x^2$と書き、同時に上の行の$3x^2$にアンダーラインを入れます。$3x^2$の項は計算が終わったという意味です。

$$=3\underline{x^2}-2xy+4x+6xy-4y^2+8y+15x-10y+20$$
$$=3x^2 \quad\cdots\cdots$$

　次に$-2xy+6xy$を計算して下の行に$+4xy$を書き加えますが、同時に上の行の$-2xy$と$+6xy$に別の**アンダーバー(たとえば波線)**を入れます。

$$=3\underline{x^2}-\underset{\sim}{2xy}+4x+\underset{\sim}{6xy}-4y^2+8y+15x-10y+20$$
$$=3x^2+4xy \quad\cdots\cdots$$

　このように、計算を進めるたびに、計算し終わった上の行の数値に印をつけていけば、計算モレや計算ミスをかなり防ぐことができます。

hint! 62

意外に多い 見まちがいによるミス

日頃から、まぎらわしくならないように書くクセをつけよう

　計算まちがいで意外と多いのが、自分で書いた文字を見まちがえるというミスによるもの。単なる笑い話で終われればいいですが、大切な試験でこんなミスをすると取り返しがつきません。

　誰にも文字にはクセがあります。達筆な人でも、数字や文字の見まちがいは案外多いものなのです。

　何回も問題を解いて、計算まちがいを繰り返し、文字の見まちがいによる混乱はだんだん修正されていくものですが、試験本番でもそういうミスをする人が多いことを考えると、意識していない人が多いのかもしれません。

　とくに多いのが、6や9、7などの数字が細くなって「1」に見えてしまう、というミスです。おそらく試験を受けているうちに手が疲れてきて、数字をちゃんと書けないほどになってしまうのかもしれません。

そう考えると、実は試験などでは手の筋肉（体力）強化も重要なファクターだといえそうです。

　一方で、字が汚い人の代表的な見まちがいは6が「0」に見えたりするものです。この手のミスをする人は、細かい作業が苦手で、計算に限らず、いろいろな作業において雑なことが多いものです。

　要するに、どんなに手が疲れようが場所がせまかろうが「0123456789」の10個の数字に関しては、絶対にちゃんと見分けがつくような字を書かなければならない、ということです。

　普段から、このことを意識して数字を書くようにするクセをつけましょう。

　たとえば6が「1」に見えないように、少々オーバー気味に下の丸い部分の横幅を広く書くようにしたり、6の上の部分や9の下の部分をはっきり伸ばして「0」とまちがえないようにする、といった地道な努力が大切です。

　最後に、数学などで使うアルファベットやギリシャ文字などについても注意しましょう。

中学校や高校以上の数学では文字を多用するので、さらにまちがいやすい文字の組み合わせが増えてきます。

たとえば *a*（アルファ）と a や d、γ（ガンマ）と r などです。これらの正しい書き方（書き順）も存在するのですが、意外と活字体を見よう見まねで書いている人も多いようです。

数字や文字をきちんと正しく書くということも、計算まちがいを防ぐためには大切なことなのです。

文字を詰め込まない

文字間や行間を工夫して、わかりやすく配置すること
も大切

　前に計算まちがいというのは「目がクラクラ」するような
状況で起こりやすいと書きましたが、そういう状況は、ちょっ
とした文字の間隔などを工夫することで防ぐこともできます。

　次の2つの文章を読みくらべてみてください。
　どうですか？　同じ文章とは思えないぐらい【文章B】の
ほうがわかりやすいですね。

文章A

内閣府が10日発表した2010年4～6月期の国内総生
産（GDP）の2次速報は、物価変動の影響を除いた
実質GDP（季節調整値）が前期比0.4％増で、年率
に換算すると1.5％増だった。8月に発表した1次速報
の同0.1％増（年率換算0.4％増）から上方修正となっ
た。物価の動きを反映した名目GDPも、前期比マイ
ナス0.6％（年率換算マイナス2.5％）となり、1次速報

時の同マイナス0.9%（同マイナス3.7%）からマイナス
幅が縮小した。　　　　　　（2010年9月10日朝日新聞より）

文章B

内閣府が10日発表した2010年4〜6月期の国内総生
産（GDP）の2次速報は、物価変動の影響を除いた
実質GDP（季節調整値）が

前期比0.4%増

で、年率に換算すると1.5%増だった。8月に発表した
1次速報の

同0.1%増（年率換算0.4%増）

から上方修正となった。物価の動きを反映した名目
GDPも、

前期比マイナス0.6%（年率換算マイナス2.5%）

となり、1次速報時の

同マイナス0.9％（同マイナス3.7％）
からマイナス幅が縮小した。　（2010年9月10日朝日新聞より）

　【文章A】では目がクラクラして意味が理解しづらいのに
対して、【文書B】では見ただけで数字の対比がしやすくなっ
ています。
　これら2つの文章で何がちがうかというと、重要な数字や
文章の配置がちがうのです。

　同じように、ただ文章と数字がずらずら並んでいるだけ
だと、私たちは計算まちがいを起こしやすいといえます。

　219ページで、たし算のグループ化を説明する際に、次
の計算式を紹介しました。

294+491−653+356−481
=(294+356−653)+(491−481)
=(650−653)+(491−481)
=−3+10
=7

この計算式も、次のように書くと、より理解しやすくなって、

計算まちがいの確率は低くなるでしょう。

$$294 + 491 - 653 + 356 - 481$$

$$=(294 + 356 - 653)+(491 - 481)$$
$$=(650 - 653)+(491 - 481)$$
$$=-3 + 10$$

$$=7$$

　ほんの少し文字間や行間を開けただけですが、これが重要なのです。

　普段から、わかりやすく文字を配置するよう心がけながら字を書くようにしましょう。

計算スペースを
広く取る

広い場所で計算すれば、より速く、より正しく計算できる

空間と時間のトレードオフ（tradeoff between space and time）という言葉があります。

「少ない空間で作業をすると時間がかかる。広い空間で作業をすると速くすむ」

という意味ですが、早い話が「速く作業を終わらせたいなら、空間をたくさん使いなさい」ということでもあります。

せまい空間で作業をすると、なかなかうまくいかないことは多いものですが、その例としてよく出てくるのが「カードの並べかえ」です（「ソート」と呼ばれます）。

よくシャッフルされた50枚ほどのカード（これらのカードにはそれぞれ1〜50の数字が書いてある）を、数字の順番通りに並べるという作業をします。

このとき、たとえば電車の中などで両手以外に使えないとしたら、かなり面倒な作業ではないでしょうか?

でも、もし広い机を使えるのなら、ちょうどトランプの「七並べ」のように5×10の長方形にどんどん並べていって、それからカードを順番通りに回収すればいいだけです。

これが「**空間と時間のトレードオフ**」なのです。

もちろん、同じことは計算についてもいえます。広い場所が使えるなら、より速く、より正確に計算ができます。
たとえば次のような計算をしてみましょう。

$$450×18+360×12+420×19+260×33$$

普通に計算しようとすると、計算まちがいをしそうですね。なるべく計算まちがいをしないようにするためには、少し広いスペースを使って、次ページのように計算してみましょう。

このように、スペースをふんだんに使って計算をすれば、効率的に計算ができるだけでなく、そのまちがいも一目でわかるので、あとから検算するのが容易になります。

もし広い場所を使えるのなら、できるだけ広い場所を取って計算するようにしましょう。

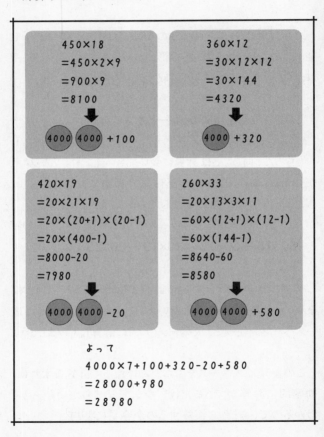

450×18
=450×2×9
=900×9
=8100

→ 4000 4000 +100

360×12
=30×12×12
=30×144
=4320

→ 4000 +320

420×19
=20×21×19
=20×(20+1)×(20-1)
=20×(400-1)
=8000-20
=7980

→ 4000 4000 -20

260×33
=20×13×3×11
=60×(12+1)×(12-1)
=60×(144-1)
=8640-60
=8580

→ 4000 4000 +580

よって
4000×7+100+320-20+580
=28000+980
=28980

簡単に検算する
テクニック

答えを常にチェックするクセをつけると、計算まちが
いは減らすことができる

次の計算は正しいでしょうか？
2394+4225+4233×2+9249+3236=28571

　計算まちがいというのは、人間ならば必ずするものです。
数学の教師でさえ授業中に学生の前で計算まちがいをし
て、指摘されるというシーンをよく見かけます。

　でも、試験のときなどに計算まちがいを連発するわけに
はいきません。そういうときは、自分で出した答えが正しい
かどうかを瞬時に判断する必要があるのです。

　この作業を一般に**検算**と呼んでいます。

❶二度計算

　一番簡単な検算は「もう一度やる」という手法です。

たとえば問題文のような計算結果が出たときに、もう一度計算してみて、答えが一致すれば、その答えは正しいだろう、というわけです。

　ただ、この手法にはデメリットもあります。

　まず、なんといっても時間がかかる点です。二度計算するということは、単純に考えて2倍の時間がかかります。時間がいくらでもあるのならいいのですが、入学試験や資格試験など時間制限がある場合には、あまりいい手ではないかもしれません。

　極論するならば、試験時間が50分だとすると、ほかの人が50分かかって解く試験問題を25分で解かないといけないことになります。それは避けたいですね。

　では、とりあえず、まちがっていそうかどうかをさっと見抜くためにはどうしたらよいでしょう?

　こういうときには、多角的にいろんな視点から答えを見つめ直すことができると有利です。すなわち、いろんな検算の方法を知っていると計算まちがいを発見できる可能性が高くなるのです。

❷概算

　冒頭の問題は、4ケタのたし算なので大変そうですが、これが2ケタになるとかなり簡単になりますし、1ケタだったらもっと簡単です。

　そこで、ざっくりと**まんじゅうカウント方式**のような感じで概算してみましょう。

　1000をまんじゅう1個とすると、

2394+4225+4233×2+9249+3236
=○○+○○○○+○○○○×2+○○○○○○○○○+
**　○○○**

切り捨てばかりなので、もう一つおまけに○を加えましょう。

　よって、
合計でまんじゅうは27個=27000

というわけです。

　そうなると、答えの**28571**は多すぎやしないか？　という結論になりますね。

❸9の剰余系で「チェックサム計算」

むずかしい用語に見えますが、たいしたことではありません。

たし算、ひき算に関していえば、左辺に出てくる数字を1つずつ全部たし算して、それを9で割った「あまり」と、右辺に出てくる数字を1つずつ全部たし算して、それを9で割った「あまり」は一致するという原理にもとづいています。

冒頭の問題の場合、左辺に出てくる数字を1つずつたし算するとは（**4233×2**は**4233＋4233**と考えます）、

**左辺＝2+3+9+4+4+2+2+5+4+2+3+3+4+2+3+3
+9+2+4+9+3+2+3+6**

を計算するということです。

この合計を9で割って「あまり」を求めますが、ここで、足して9になる組み合わせ（4と5、3と6、2と3と4など）は、9で割ったときの「あまり」には関係ありません。

そこで、この組み合わせを消していくと、残るのは3だけです。

　一方、右辺は、

右辺=2+8+5+7+1

　となりますが、同じように**9**になる組み合わせ（**2**と**7**、**8**と**1**）を消していくと、**5**だけが残ります。

　この左辺と右辺の「**あまり**」を比較すると、**3**と**5**で一致しません。よって、答えがまちがっている可能性が高いといえるのです。

　以上、検算の手法を3つ紹介しました。

　他にも検算のやり方はいろいろありますが、ともかく出てきた答えをチェックするクセをつけるようにすると、計算まちがいはかなり減らすことができます。

時速〇〇kmって、どんな速さ？

　小学6年生に「小学校の算数で苦手なのはどの分野ですか？」というアンケートをしてみたら、どんな答えが返ってくると思いますか？

　そんなアンケートをしたことはないので憶測ですが、おそらく小学生の3大苦手分野があるとすれば「分数」「比」そして「速度の計算」ではないでしょうか。それぐらい速度計算を苦手とする人は多いのです。

　実は「速度」そのものの概念は、そんなにむずかしいものではありません。小学生や大人が苦手としているのは、その際に出てくる単位変換や分数・小数の計算、さらには文章題などで出てくる複雑な状況を理解することではないでしょうか？

　たとえば36km/hというのは1秒間にどれぐらいの距離を走ることができるのでしょう？

　1時間＝60分＝3600秒

　36km＝36000m

　ですから、36km/h＝36000m/3600s＝10m/s

　となり、1秒間に10m走ることのできる速度です。

　また、60km/hを分速に変換すると、1時間＝60分なので、

　60km/h÷60分＝1km

　すなわち1分間に1km進むことができる速度です。

　たとえば5km先の場所に時速60kmで走れば、5分後に到

着します。時速30kmなら、速度は時速60kmの半分ですから、かかる時間は反対に2倍になりますので10分で到着するというわけです。

第 9 章

「計算力」は「仕事力」だ

さて、本書の最後に、私が常日頃からみなさんにお伝えしている重要なことをお話しします。それは「計算力」は「仕事力」だということです。何をおおげさな、と思うかもしれませんが、今からちょっとしたお話をしますので、少し長くなりますがおつきあいください。

　実は毎年春、滋賀県にある彦根東高校と河瀬高等学校の新入生を対象に「新入生オリエンテーション」と称して講演会を行なっています。高校に入学したばかりのみなさんに1時間半の講演会はなかなか長丁場なので、その中でちょっとした数学の問題を解く時間を設定しています。

　学生のみなさんには事前に3人1組のチームになっていただきます。
　3人のうち1人にはAのプリント、別の1人にはBのプリント、もう1人にはCのプリントを配ります。講演の日までにそれぞれがAのプリント、Bのプリント、Cのプリントの説明を読んで、問題を解く練習をしてきてもらいます。

　AのプリントとBのプリントとCのプリントにはそれぞれ高校2年生の別々の単元で学習する簡単な計算手法が書いてあります。Aの人とBの人とCの人はお互いが何をやっ

ているのかよくわかりません。高校受験を終えたばかりの学生さんなので、数学が得意な人も苦手な人も1〜2時間ほど勉強すればたいていは習得できる内容です。

　そして、講演会の中で3人がそれぞれ学習したすべての単元の内容を使わないと解けない、しかも計算量が半端ない問題を30分かけて解いてもらうのです（そんなふうに問題を作っています）。

　普段、数学の勉強をあまりしない人も、この日に向けて結構真剣に勉強してきます。苦手な人は苦手なりに頑張って

彦根東高校での講演のようす（2021年4月）

練習してきてくれているようです。というのも、チームで問題を解くので、自分が計算をまちがえたりしたら迷惑をかけてしまうという「責任感」のようなものを感じるのではないかと思います。

　30分かけてみなさんで問題を解いてもらうと、大体100チームぐらいの内、30チームぐらいが正解にたどり着きます。ざっと1/3ぐらいでしょうか。

　実はＡの人とＢの人とＣの人には役割分担があって、まずＡの人とＢの人が計算しますが、その間Ｃの人は何もできません。というのも、Ｂの人の答えがないとＣの人は計算ができないからです。それから、実はＡの人は内容が独立しているのですが、この人がキーパーソンだということがあとでわかります。

　Ａの人とＢの人が同時に計算（その間Ｃの人は静かに待っている）
　→Ｂの人の答えを使ってＣの人が計算

　そして、何を隠そう、計算が恐ろしいほど面倒なのはＣの人なのです。

　チームによっては、Aの人とBの人は早々に計算が終わって「あとはCの人に任せたよ〜」って感じで休んでいるのですが、Cの人は分数の計算やらなんやかんやと出てきてパニックになるわけです。

　ここで休んでいるAの人とBの人が「いっしょにやってみよう！」とか「計算をまちがえてないかいっしょに確かめよう！」とやったチームは、正解にたどりつく可能性が高くなります。場合によってはBの人が計算をまちがえていることがあります。そのときはAの人やCの人がBの人の計算をいっしょに確認しないといけないかもしれません。

チームで問題を解く学生のようす（2021年4月）

要するに、Aの人とBの人とCの人で役割分担があるものの、最終的にはお互いにどんな役割をしているのか、客観的に見る目が必要だということです。

　3人1組の「計算のチームワーク」は、まさに仕事のチームワークの縮図です。

　チームで仕事をすることはよくあると思いますが、自分が担当する部分だけをやって、あとは知らんぷり、というチームの仕事は「この部分、少しまちがっていませんか？」とか「その部分、もし大変そうでしたら少しお手伝いしましょうか」というようなコミュニケーションのあるチームの仕事に比べて、正直「ショボい」のです。要するに3人1組で1つの計算問題を解く作業と、3人1組で1つの仕事を遂行していく作業はまったく同じなのです！

　ここまで読んでいただいて「計算力」は「仕事力」だという意味をおわかりいただけたのではないでしょうか。

　小学校、中学校、高校、大学と進学していくにつれて数学はどんどんむずかしくなって細分化されていくのですが、一つの問題を解く際に複数の単元で学習する計算手法を

使うことはよくあることです。たとえばある二次関数の問題
を解くのに、

　　二次関数がある条件を満たすように√の計算をする
　　→二次関数がx軸と交わる点を求めるために、二次方
程式を解く
　　→二次方程式を解くために因数分解をする

　という手順を踏むとするならば、「二次関数」の問題を解
くために「√（平方根）」の単元と「二次方程式」の単元
と「因数分解」の単元の知識が必要なわけです。これら
をすべて1人の人が使いこなすことで問題が解けるわけで
すが、この際に問題を解いている人は、上からこれらの単
元を見ています。すなわちチームリーダーの役割をはたし
ているわけです。

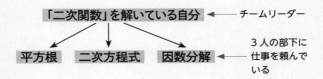

　そして、実際に「平方根」や「二次方程式」「因数分解」
の役割も自分でこなして問題を解いていくのです。1人で3

役も4役もこなしているわけですね。

　すなわち、むずかしい問題を解くことで「チームリーダーの能力」を磨くことになるのです。ここが重要！　計算力＝仕事力であり、問題を解く能力は数学でも仕事でも同じだということです。

　ここまで書くと、きっと次のような声が出るのではないかと思います。

　「自分は中学校とか高校のとき、数学の試験がぜんぜんだめだった。0点を取ったこともある。それでも今こうやってお金をたくさん儲けているじゃないか！」

　その声にお答えしましょう。今のあなたがちゃんと段階を踏んで勉強すれば、数学でいい点が取れるはずです、と。

　すなわちこういうことです。
　計算力を磨いて数学の問題を解く訓練をすることで、仕事力は鍛えられます。
　もちろん実際に仕事をこなす訓練をすることでも仕事力は鍛えられます。

　中学校や高校のころに計算力を鍛えなかったことで、当時は数学の問題が解けなかったかもしれません。しかし仕事力が鍛えられた今、数学の問題にもう一度チャレンジすれば、きっと解けるはずなのです。

　ですから、本書の最後で私はみなさんにお伝えしたいのです。

　計算を勉強するのは何歳からでも大丈夫、むしろ仕事をたくさんこなしてきた人のほうがすんなりと受け入れることができるものかもしれません。

　そして、もし仕事でうまくいかないことがあったり、何か大きな失敗をして落ち込んだりしているとき、ぜひみなさんには計算力の本をおすすめしたいのです。ある計算をさっと解いたり、まちがいがないか確認したり、そういう部分は仕事とまったく同じだからです。正しい答えにたどり着く感触を何度も体験すれば、きっと職場や社会で輝けるはずです。

おわりに

　今を去ること10年以上前の出版業界は「計算ブーム」の真っ最中でした。「計算バブル」といってもいいかもしれません。私のもとにも「計算力」に関する執筆依頼が殺到し、何冊も書き続けて「先生、もっと計算術を書いてください。ほんの些細な計算術でもいいので、今回の本に盛り込んで下さい！」と、いわれるがままに何冊もの本を上梓して、ともかくそれなりに頑張って執筆していました。

　計算本が売れるとわかり、多くの出版社が「計算ライター」を抱えることになりました。そんな中から「インドでは日本の九九よりもすごい計算を習うらしい」というまことしやかなうわさが広まり（この件に関して私はいまだに、真偽のほどは定かではないと思っています）、「インド式計算術」の本が売れるようになっていきました。当然、私にも「先生、インド式計算術は書けないですか？」という依頼がくるようになりました。

　そんなとき、ふと考えたのです。計算なんて、国境も時代もないはずなのに、なぜブームがあるのだろう。インド式だろうが日本式だろうが、使いやすい計算法は同じはずの

に、どうして方式の違いで勝負しないといけないのだろう。そもそも計算を速くするだけの本を作り続けることがこの世の中のためになるのだろうか、と。

　そんな中、2010年に私のもとに「計算力の基本」という本を書いてくれないか、という依頼が舞い込んできました。正直「もう計算本を書くのは辞めようか」と思っていた矢先だったのです。版元の日本実業出版社は当時「○○○の基本」というシリーズでいくつか本を作っていて、その中の一つとして「計算力の基本」をラインナップに入れたいという、お話でした。それなら、私がそれまで書いてきた計算術の集大成、という位置づけで書いてみよう、そしてこれで計算本は終わりにしよう、と考えて原稿を書き出したのです。
　2011年に上梓された『計算力の基本』は、そういう意味では個人的な区切りの本でもありました。

　それから10年経ち、PHP研究所の山口毅さまより、『計算力の基本』を文庫化して出版したいとのお話をいただき、いろいろな箇所に加筆していくことにしました。本書『計算力〜今日から使える！〜』はそのようにして生まれた「珠玉の一冊」です。
　文庫化にあたり、計算術の核の部分を残しながら、もう

少しいろいろなお話を加えて、単なるノウハウ本としてだけでなく読み物としても十分楽しめる内容にしたいと考えました。最近の講演でお話しする内容とか、授業の際によく話す内容をいくつか盛り込むことで、さらに手に取ってもらいやすい本になったのではないかと思います。

　最後になりましたが、今回の企画を提案してくださったPHP研究所の山口毅さまをはじめ、本書が生まれるきっかけになったすべての皆さまに感謝の気持ちをお伝えしたいと思います。本当にありがとうございました。

2021年7月

鍵本　聡

プロフィール

鍵本 聡(かぎもと さとし)

株式会社KSプロジェクト代表取締役。1966年、兵庫県西宮市生まれ。京都大学理学部、奈良先端大情報科学研究科修了、工学修士。

ローランド株式会社(電子楽器開発)、高校教員、予備校講師などを経て現在は関西学院大学、大阪芸術大学、大阪女学院大学などで非常勤講師として教鞭をとる。同時に学習塾「KSP理数学院」を大阪で運営、中高生を相手に算数・数学教育および大学進学サポートに最前線で携わる。教育関連の講演も多数。

20万部超のベストセラー「計算力を強くする」シリーズをはじめ『高校数学とっておき勉強法』『理系志望のための高校生活ガイド』(すべて講談社ブルーバックス)など著書多数。またシリーズ75万部超のベストセラー『ドラゴン桜公式副読本 16歳の教科書』(共著、講談社)では"計算力の達人"として紹介されている。

KSプロジェクト・KSP理数学院のHP: http://ksproj.com

本書は、2011年3月に日本実業出版社から刊行された『計算力の基本』を改題し、加筆・修正したものです。

PHP文庫	計算力 今日から使える！

2021年8月13日　第1版第1刷

著　　者	鍵　本　　聡
発 行 者	後　藤　淳　一
発 行 所	株式会社PHP研究所

東京本部　〒135-8137 江東区豊洲5-6-52
　　　　　PHP文庫出版部　☎03-3520-9617（編集）
　　　　　普及部　☎03-3520-9630（販売）
京都本部　〒601-8411 京都市南区西九条北ノ内町11

PHP INTERFACE　https://www.php.co.jp/

組　　版	有限会社エヴリ・シンク
印 刷 所	株 式 会 社 光 邦
製 本 所	東京美術紙工協業組合

一、
本書の面白さを存分に味わえる
一冊。これまでの仕事ぶりを確かめて
練。暗算以上の実力がついているか、演
習は、「53×57」や「53×
3」や「4000÷60」など、上級の

栗田哲也 著

暗算力
誰でもできる！

PHP文庫